量子紀元

一場將要改變世界的運算革命

QUANTUM SUPREMACY

MICHIO KAKU
加來道雄

譯——蔡承志

獻給

愛妻靜枝（Shizue）以及我的兩個女兒，

蜜雪兒・加來（Michelle Kaku）醫師和艾莉森・加來（Alyson Kaku）。

目次

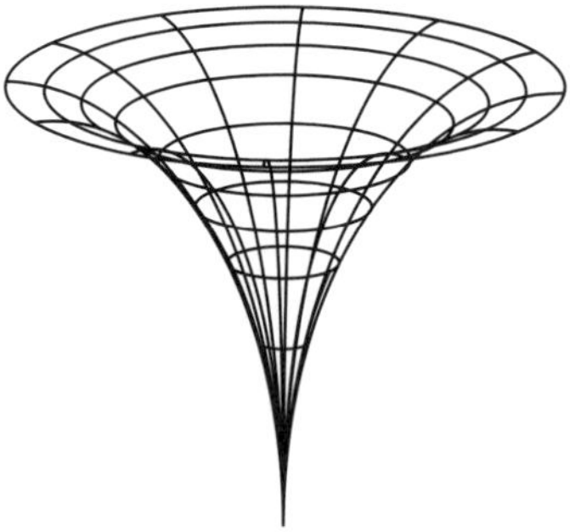

第一篇　量子電腦的崛起　007

第一章　矽時代的終結　008
第二章　數位時代的終結　032
第三章　量子崛起　049
第四章　量子電腦的黎明　074
第五章　比賽開跑　107

第二篇　量子電腦和社會　121

第六章　生命的起源　122
第七章　綠化世界　139
第八章　滋養地球　150
第九章　為世界灌注能量　162

第三篇　量子醫學　175

第十章　量子保健　176
第十一章　基因編輯和治癒癌症　190
第十二章　人工智慧和量子電腦　212
第十三章　永生不死　239

第四篇　模擬世界和宇宙　265

第十四章　全球暖化　266
第十五章　瓶子裡的太陽　282
第十六章　模擬宇宙　301
第十七章　2050 年的某一天　332

後記　量子拼圖　343

致謝詞　357
推薦讀物　360
注釋　361

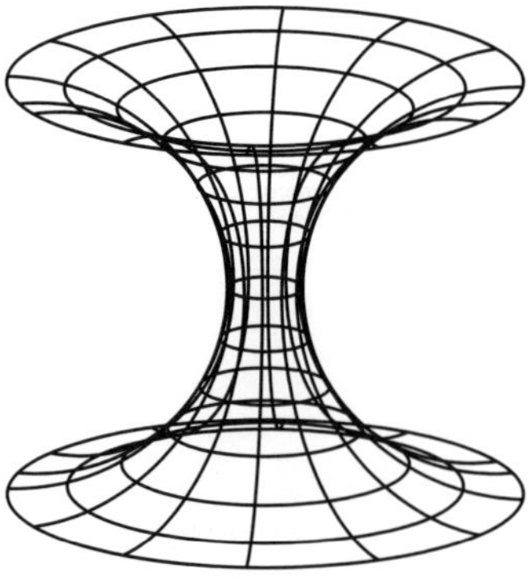

第一篇

量子電腦的崛起

第一章
矽時代的終結

革命來了。

2019 年和 2020 年期間，兩則重磅消息撼動了科學界。兩個團隊宣布他們已經成就了量子霸權（Quantum Supremacy），這是傳說中的一個關鍵點，指稱一種嶄新類型的電腦在特定事項表現上大幅凌駕了普通數位型超級電腦，這類電腦稱為量子電腦。這預示了一場劇變，有可能就此改變整個計算領域並顛覆我們日常生活的方方面面。

首先，Google 透露他們的梧桐（Sycamore）量子電腦能在兩百秒內解答一道以世界最快超級電腦都得花一萬年才能解答的數學問題，根據麻省理工學院的《科技評論》（*Technology Review*）所述，Google 表示這是一項重大突破。他們拿它來和史普尼克號（Sputnik）

的發射或萊特兄弟的首次飛行相提並論。那是「一個機器新時代的開端，這些機器會讓今天最強大的電腦看起來就像算盤」。[1]

接著中國科學院的量子創新研究院還更進一步。他們宣稱他們的量子電腦計算速度達到一般超級電腦的一百兆倍。

IBM 副總裁鮑勃・蘇特（Bob Sutor）在評論量子電腦的飛速崛起時斷然表示：「我認為這會成為本世紀最重要的計算技術。」[2]

量子電腦向來被稱為「終極電腦」，這是技術上的一次重大飛躍，對整個世界都具有深遠的影響。它們不再以微小的電晶體做計算，而是採用最纖小的物件——原子本身——來計算，因此可以輕易凌駕我們最強大超級電腦的威力。量子電腦或許能在經濟、社會和我們的生活方式上帶來一個全新的時代。

但量子電腦不僅只是另一款強大的電腦。它們是嶄新類型的電腦，可以解決數位電腦永遠解答不了，就算給予無窮盡時光也無能為力的問題。例如，數位電腦永遠無法準確計算出原子如何結合來產生關鍵的化學反應，特別是能促成生命的那些反應。數位電腦只能在由一系列 0 和 1 組成的數位資料帶上進行計算，這種方式太粗糙，無法描述在分子內部深處舞動的微妙電子波。例如，當耐著性子計算老鼠在迷宮中的路徑時，數位電腦必須煞費苦心逐一分析每一條可能的路徑。至於量子電腦就可以同時以閃電般速度分析所有可能的路徑。

接著這就進一步加劇了相互較勁的電腦巨頭之間的激烈角逐，所有這些公司都競相開發全球威力最強大的量子電腦。2021 年，IBM 推出了自己的量子電腦，名為「鵰」（Eagle），以此取得了領先地位，擁有比先前所有型號都更強大的計算能力。

但這些紀錄就像餡餅皮，全都是為了被打破才烘焙出來。考慮到這場革命的深遠影響，無怪乎世界許多頂尖企業都大舉投資來開創這項新技術。Google、微軟、英特爾、IBM、瑞格蒂（Rigetti）和漢威聯合公司（Honeywell）都投入製造量子電腦原型。矽谷的龍頭們明白，他們必須跟上這場革命，否則就會被淘汰。

IBM、漢威聯合和瑞格蒂電腦都將他們的第一代量子電腦放上了網際網路，來激發好奇大眾的渴望，也讓人們可以首次直接接觸到量子計算。藉由連接網際網路上的量子電腦，人們可以第一手體驗這場嶄新的量子革命。例如，自 2016 年推出以來，「IBM Q 體驗」便透過網際網路向民眾免費提供了 15 台量子電腦。三星和摩根大通（JPMorgan Chase）都是這些用戶之一。目前每個月都有（從學童到教授的）兩千人使用它們。

華爾街對這項技術表現出濃厚的興趣。IonQ 成為第一家公開上市的大型量子電腦公司，在 2021 年首次公開募股，籌集了 6 億美元。更令人咋舌的是，競爭激烈到了極致，結果一家沒有任何商業原型產品問市，也沒有既往產品紀錄的初創公司 PsiQuantum，突然在華爾街飆漲到 31 億美元估值，幾乎就在一夜之間，就有辦法籌資 6.65 億美元。

商業分析師寫道，他們很少見到這樣的情況，一家新公司乘著狂熱投機浪潮，秉持聳人聽聞的頭條報導，攀升到了這般高度。

德勤（Deloitte）咨詢和會計公司估計，量子電腦市場在 2020 年代會達到好幾億美元的規模，到了 2030 年代就會達到數百億美元。沒有人知道量子電腦何時會進入商業市場並改變經濟格局，但預測不斷被修改，來因應這個領域前所未有的科學發現速度。扎帕塔計算公司（Zapata Computing）的執行長克里斯多福 · 薩瓦（Christopher Savoie）談到量子電腦的飛速發展時說：「這已經不再是『如果』的問題，而是『何時』的問題。」[3]

就連美國國會也表現出濃厚興趣，打算幫忙啟動這項新穎的量子技術。意識到其他國家已經撥出鉅款來資助量子電腦研究，國會便於 2018 年 12 月通過了《國家量子倡議法案》（National Quantum Initiative Act），提供種子資金來幫忙點燃新研究。該法案明令新成立二到五所量子資訊國家科學研究中心（National Quantum Information Science Research Center），每年資助八千萬美元。

2021 年，美國政府也宣布投資 6.25 億美元於量子技術，並由能源部負責監督。微軟、IBM 和洛克希德馬丁等大型企業也為該項目額外貢獻了 3.4 億美元。

中國和美國並不是唯一運用政府資金來加速這項技術的國家。英國政府正在建設國家量子電腦中心（National Quantum Computing

Centre），該中心將扮演量子電腦研究的樞紐角色，預計成立於牛津郡科學與技術設施委員會（Science and Technology Facilities Council）的哈威爾實驗室（Harwell lab）。在政府的推動下，到了 2019 年底，英國已經成立了 30 家量子電腦初創公司。

行業分析師體認到這是一場價值上兆美元的賭博。在這個高度競爭的領域，沒有任何保證。儘管 Google 和其他公司近年來成就了令人印象深刻的技術進展，但能解決現實世界問題的可運轉的量子電腦，仍得等待多年才能實現。我們眼前仍有大量艱苦的工作。有些批評家甚至認為，到頭來這有可能白忙一場。但是電腦公司都明白，除非他們提前涉足這個領域，否則大門很可能砰然關上。

麥肯錫（McKinsey）顧問公司合夥人伊凡・奧斯托吉奇（Ivan Ostojic）表示：「倘若你的公司隸屬有最高潛在風險會被量子技術完全顛覆的產業，現在就該涉足量子領域。」[4] 化學、醫學、石油和天然氣、運輸、物流、銀行、製藥和網路安全等領域發生重大變革的時機已經成熟。他補充說道：「原則上，量子技術對所有資訊總監都有密切關係，因為這可以加速解決形形色色的不同問題。這些公司需要成為量子能力的主人。」

加拿大量子電腦公司 D-Wave 系統（D-Wave Systems）的前執行長維恩・布朗內爾（Vern Brownell）指出：「我們相信我們正處於提供全新能力的關鍵時刻，而這些能力你從傳統計算技術是無法取得的。」

許多科學家都認為，我們正進入一個全新的時代，它帶來的衝擊波，可以和電晶體與微晶片問世掀起的震撼相提並論。沒有直接涉入電腦生產的公司，好比擁有梅賽德斯—賓士的汽車巨頭戴姆勒（Daimler），已經出資投入這項新技術，因為他們感受到，量子電腦有可能為他們自己的產業開創新的發展。競爭對手 BMW 的執行主管尤利烏斯・馬爾夏（Julius Marcea）便曾寫道：「我們滿心振奮投入探究量子計算技術對汽車產業的變革潛力，並致力於擴展工程表現的極限。」[5] 其他大型公司，好比福斯汽車和空中巴士，也都成立了他們自己的量子計算技術部門，來探索這有可能如何徹底改變他們的企業。

製藥公司也密切關注這個領域的發展，並意識到了量子電腦或許能夠模擬複雜程度遠超出數位電腦性能範圍之外的化學和生物歷程。或許有一天，專門用來測試數百萬種藥物的龐大設施就會退場，由在網路空間測試藥物的「虛擬實驗室」所取代。有些人擔心有一天這說不定就會取代化學家。德里克・洛（Derek Lowe）經營一個談藥物發現的部落格，他表示：「其實並不是機器會取代化學家，而是使用機器的化學家會取代不使用的那群。」[6]

設於瑞士日內瓦市郊的大型強子對撞機是世界上最大的科學設備，能以十四兆電子伏特能量來推動質子相互對撞來重現早期宇宙的條件，就連這台裝置如今也使用量子電腦來協助篩選海量數據。它們每秒能夠分析大約十億次粒子對撞所產生的高達一兆位元組的數據。或許有一天，量子電腦能夠破解宇宙創世的祕密。

量子霸權

回顧2012年，加州理工學院的物理學家約翰・普雷斯基爾（John Preskill）首次提出了「量子霸權」這個術語時，許多科學家都搖頭不以為然。他們認為，要讓量子電腦超越數位電腦，有可能需要數十年，甚至好幾個世紀。畢竟，要使用個別原子而非一片片矽晶來做計算，設想起來是極端困難的。最細微的振動或噪音，都可能干擾量子電腦中原子的微妙舞動。時至今日，有關於量子霸權的驚人宣言，卻已經粉碎了唱反調人士的陰鬱預測。現在，人們的焦點改轉向專注這個領域的發展有多快。

這些非凡成就引發的震盪，也警醒了世界各地的董事會和極端機密的情報機構。泄密者透露的文件顯示，美國中央情報局和國家安全局正密切關注這個領域的發展。這是由於量子電腦的威力十分強大，理論上可以破解所有已知的網路密碼。這就意味著各國政府精心保護的祕密，它們貯藏最敏感資訊的冠上珍寶，會很容易遭受攻擊，公司和甚至個人受到最高防護的機密也不例外。情況十分緊迫，連美國國家標準暨技術研究院（National Institute of Standards and Technology, NIST）都動員了，他們負責制定國家政策和標準，最近更發布了指導方針，來幫助大公司和機構為進入這個新時代不可避免的過渡階段做好準備。NIST已經宣布，他們預計到了2029年，量子電腦就能夠破解許多公司使用的128位元「進階加密標準」（AES）加密做法。

阿里・埃爾・卡法拉尼（Ali El Kaafarani）在《富比士》（*Forbes*）雜誌上發表文章指出：「對於任何有敏感資訊需要保護的組織來說，這都是個相當可怕的前景。」[7]

中國已經在量子信息科學國家實驗室上挹注了百億美元，因為他們決心在這個快速發展的重要領域成為領導者。各國花費數百億美元來審慎地保護這類編碼。駭客只要配備了量子電腦，相信就有可能侵入地球上的任何數位電腦，從而擾亂產業甚至軍隊。所有敏感資訊都有可能被竊取並待價而沽。金融市場也可能因量子電腦侵入華爾街的核心機構而陷入混亂。量子電腦還可能破解區塊鏈，從而在比特幣市場造成混亂。德勤估計，大約百分之二十五的比特幣有可能遭受量子電腦攻擊而受害。

數據軟體資訊技術公司 CB Insights 在報告中總結說明：「經營區塊鏈項目的人大概都會緊張地關注量子計算技術的進展。」[8]

因此，有可能受危害的不僅是與數位技術密切關聯交織的世界經濟。華爾街銀行使用電腦來追蹤數十億美元的交易。工程師使用電腦來設計摩天大樓、橋梁和火箭。藝術家依靠電腦來創作好萊塢動畫大片。製藥公司使用電腦來開發他們的下一種神奇藥物。孩子們靠電腦來與朋友一起玩最新的電玩遊戲。而我們極度依賴手機來提供來自朋友、同事和親戚的即時消息。我們所有人都有找不到手機而陷入恐慌的經驗。事實上，要想找到還沒有被電腦顛覆的人類活動是極其困難的。假使世界上的所有電腦因故突然全部停止運作，文明就會陷入混亂。這就是為什麼科學家這般關注量子電腦的發展。

摩爾定律的終結

驅動這一切動盪和爭議的因素是什麼？量子電腦的崛起象徵了矽時代正逐漸落幕。過去半個世紀期間，電腦的能力一直呈爆炸性增長，號稱摩爾定律（Moore's law），這是以英特爾創辦人高登・摩爾（Gordon Moore）的姓氏命名的。摩爾定律指出，電腦的能力每隔 18 個月就會翻倍。這個表面看來簡單的定律持續追蹤電腦能力的驚人指數增長，這是人類歷史上空前未有的情況。沒有其他發明在這麼短暫時間內產生了這般廣泛的影響。

電腦在它們的歷史中經歷了許多階段，每次都大大增加了它們的能力並引發了重大的社會變革。事實上，摩爾定律可以一路追溯到 1800 年代，那是機械式計算機的時代。當時，工程師使用旋轉的圓筒、齒輪、齒輪套組和輪子來執行簡單的算術運算。在上個世紀的轉折點上，這些計算機開始使用電力，用繼電器和電纜取代了齒輪套組。第二次世界大戰期間，計算機使用規模龐大的真空管陣列來破解政府的機密編碼。到了戰後時代又出現一次過渡，這次是從真空管轉換為可以微型化到微觀尺度的電晶體，並促進了速度和能力的持續提升。

回到 1950 年代，主機型電腦只有大型企業和類似五角大廈這樣的政府機構以及國際銀行才買得起。它們的功能強大（例如，「電子數值積分器及計算機」〔ENIAC〕可以在 30 秒內完成人類大概需要 20 個小時才能完成的工作）。但它們很昂貴、笨重，往往得占用辦公大樓的整個樓層。微晶片革新了這整個歷程，在幾十年期間不斷縮小尺寸，到如今一個手指甲大小的晶片，就可以容納約十億個電晶體。如今，孩子們用來玩電玩遊戲的手機，性能還比五角大廈一度使用的那種笨重恐龍更為強大。我們不假思索地認定，我們口袋裡的電腦，威力當然凌駕在冷戰時期使用的電腦。

所有事物必然都會過去。電腦發展的每一次轉變都讓先前的技術在一種創造式破壞歷程中變得過時。摩爾定律已經開始放緩，最終還可能戛然而止。這是由於微晶片十分緻密，最薄的電晶體層約為 20 個原子厚。當它們變成約五個原子厚度時，電子的位置就變得不確定，它們有可能洩漏出去並造成晶片短路，或者產生太多熱量導致晶片熔解。換句話說，根據物理定律，如果我們主要都繼續使用矽，則摩爾定律最終必定要崩潰。我們有可能正在目睹矽時代的終結。下一次飛躍有可能是「後矽時代」或「量子時代」。

正如英特爾的桑賈伊 • 納塔拉詹（Sanjay Natarajan）所說：「你從那個架構能夠擠出的所有東西，我們相信，我們已經全都擠出來了。」[9]

矽谷最終有可能成為下一個「鐵鏽地帶」。

儘管現在看起來一切平靜，這個新未來的拂曉遲早就會到來。正如 Google 人工智慧實驗室主任哈特穆特・內文（Hartmut Neven）所說：「看起來好像什麼也沒發生，什麼也沒發生，然後哎呀，突然之間你就身處一個不同的世界。」[10]

為什麼它們威力那麼強大？

是什麼讓量子電腦這麼強大，致使世界各國都競逐掌握這項新技術？基本上，所有現代電腦都是基於數位資訊，這可以運用一系列 0 和 1 來完成編碼。最小的資訊單位，一個數位，稱為一個位元。這串 0 和 1 被輸入到數位處理器中進行計算，然後產生輸出。舉例來說，你的網際網路連線能以每秒位元數（bps）來衡量，這就意味著每秒有十億個位元被傳送到你的電腦，讓你能立即存取電影、電子郵件和文件等。

然而，諾貝爾獎得主理查・費曼（Richard Feynman）在 1959 年提出了一種不同的數位資訊途徑。他在一篇具有預示性和開創性的文章〈底層有大量空間〉（There's Plenty of Room at the Bottom）以及後續幾篇論文當中問道：為什麼不以原子的狀態來取代這串 0 和 1，製造出一台原子電腦呢？為什麼不以最小的物體——原子——來取代電晶體呢？

原子就像旋轉的陀螺。在磁場中，它們能以相對於磁場朝上或朝下的方向對齊，這可以對應於 0 或 1。數位電腦的威力與你的電腦中的狀態數（0 或 1）有關。

但是，由於次原子世界的奇特規則，原子也能夠以這兩種方式的任何組合旋轉。例如，你可以有一種狀態是原子有一成時間向上旋轉，九成時間向下旋轉。或者它有六成五的時間向上旋轉，三成五的時間則向下旋轉。事實上，你有無數種方式可以讓原子旋轉。這大大地增多了可能的狀態數量。因此，原子可以傳達更多的資訊，不僅只是一個位元，而是一個量子位元（qubit），即上下狀態的同時性混合。數位位元一次只能傳達一位元資訊，這限制了它們的能力，但量子位元或量子比特則擁有幾乎無限的能力。在原子層級上，物體可以同時存在於多種狀態的事實稱為疊加（superposition）。（這也意味著在原子層級上，經常會出現違反了熟見常識定律的事例。在那個尺度上，電子可以同時存在於兩個地點，對於大型物體來說，這是不可能的。）

此外，這些量子位元還能彼此互動，這對於尋常位元來說是不可能的。這稱為纏結（entanglement）。而數位位元則是處於獨立狀態，每次你添加一個量子位元，它都與先前的所有量子位元互動，因此你讓可能的互動數量倍增了。因此，量子電腦先天上比數位電腦具有指數倍率的更強大能力，因為每次你添加一個額外的量子位元，你就讓互動數量倍增。

舉例來說，如今量子電腦可以擁有超過 100 個量子位元。這意味著它們的運算能力是只擁有一個量子位元的超級電腦的 2 的 100 次方倍。

Google 的梧桐量子電腦是第一台達到量子霸權等級的量子電腦，

它擁有 53 個量子位元，威力能處理 7,200 億億位元組記憶。因此，像梧桐這樣的量子電腦讓任意傳統電腦都相形見絀。

這點在商業和科學上的牽連影響十分深遠。隨著我們從數位世界經濟過渡到量子經濟，這其中的利害攸關重大。

量子電腦的減速丘

下一個關鍵問題是：今天是什麼因素阻礙我們推廣強大的量子電腦？為什麼沒有哪位有企業頭腦的發明家披露一台可以破解任何已知密碼的量子電腦？

量子電腦面臨的問題費曼也預見了，並在他最早提出這項概念時提及。為了讓量子電腦運作，原子必須精確地排列，好讓它們能夠同步振動。這就稱為相干性（coherence）。然而，原子是極其微小且反應又很靈敏的物體。來自外界的最微量雜質或干擾都可能導致這個原子陣列喪失相干性，也破壞了整個計算。這種脆弱性是量子電腦面臨的主要問題。因此，一個價值連城的問題就是：我們能不能控制去相干（decoherence）？

為了最大限度地減少來自外界的汙染，科學家使用特殊設備來將溫度降到接近絕對零度，於是不需要的振動就會減到最小。不過這會需要昂貴的特種泵和管道系統來達到這樣的溫度。

但我們還面臨一個謎團。大自然在室溫下運用量子力學並不會出現問題。例如，光合作用奇蹟，地球上最重要的歷程之一，就是種量子歷程，然而它卻是在一般溫度下進行的。大自然並不使用滿屋子的奇異設備並在接近絕對零度的溫度下進行光合作用。出於尚未被充分理解的原因，在自然界中，即便在陽光明媚的溫暖日子裡，當來自外界的干擾應該會在原子層級引發混亂之時，相干性依然可以維繫。若是我們有一天能夠釐清大自然是如何在室溫下施展她的魔法，那麼我們就有可能成為量子以及甚至生命本身的主人。

革新經濟

雖然量子電腦在短期內對國家的網路安全構成威脅，但從長遠來看，它們也具有巨大的實際意義，有能力革新世界經濟，創造出更具永續性的未來，並迎來量子醫學時代，來幫助治癒先前無法治癒的疾病。

在許多領域中，量子電腦都能凌駕傳統數位電腦：

1. 搜尋引擎

過去，財富可以用石油或黃金來衡量。

如今，就愈來愈常以數據作為財富的衡量標準。公司以前會丟棄自己的財務數據，時至今日，這項資訊已經被認為比貴重金屬還更有價值。然而，篩檢海量數據有可能會讓傳統的數位電腦不堪負荷。這時量子電腦就能派上用場，能翻江倒海撈出細針。量子電腦或許能夠分析一家公司的財務狀況，找出阻礙企業成長的少數因素。

事實上，摩根大通最近與 IBM 和漢威聯合公司合作，分析公司數據以求更詳實地預測金融風險和不確定性，並提高其運營效能。

2. 優化

一旦量子電腦使用搜尋引擎來識別出數據中的關鍵因素，下一個問題就是如何調整這些因素來最大化某些指標，好比利潤。至少，大型企業、大學和政府機構將使用量子電腦來最小化開支並最大化效率和利潤。舉例來說，公司淨收益取決於好幾百項因素，比如薪水、銷售、支出等，這些因素都會隨時間快速變化。要找到這繁多不同因素的最佳組合來最大化淨利率，很可能會讓傳統的數位電腦不堪負荷。在此同時，金融公司有可能希望使用量子電腦來預測每日處理數十億美元交易的特定金融市場的未來走向。這正是量子電腦能幫上忙的地方，它們能提供計算本領來優化公司的最終利潤。

3. 模擬

量子電腦或許還能解決超出數位電腦能力的複雜方程式。例如，工程公司或許會使用量子電腦來計算噴射機、飛機和汽車的空氣動力學，循此來找出降低摩擦、最小化成本和最大化效率的理想形狀。或者，政府也可能會使用量子電腦來預測天氣，從判定巨怪型颶風的路徑，到計算出全球暖化會如何影響未來幾十年的經濟狀況和我們的生活方式。或者，科學家也可能使用量子電腦來找出巨型核融合機器中的最佳磁體配置，來駕馭氫融合的力量，從而「把太陽封進瓶中」。

但或許最大的好處是使用量子電腦來模擬好幾百種重要的化學作用。期盼能夠在完全不使用化學物質的情況下，只靠量子電腦在原子層級預測出任何化學反應的結果。這個新的科學分支，計算化學（computational chemistry），並不藉由實驗來確定化學性質，而是靠著在量子電腦中模擬來實現，或許有一天這就能消除昂貴又費時的試驗。所有的生物學、醫學和化學都會被簡化為量子力學。這就意味著創辦出一個「虛擬實驗室」，在這裡我們就可以繞過數十年的反覆試驗和緩慢、繁複的實驗室實驗，直接在量子電腦的記憶體中快速試驗新的藥物、療法和根治措施。與其進行好幾千項複雜、昂貴又耗時的化學實驗，不如就簡單地按下量子電腦上的按鈕。

4. 人工智慧與量子電腦的整合

人工智慧擅長從錯誤中學習，於是它就能夠執行愈來愈困難的任務。它已經在工業和醫學領域證明了自己的價值。然而，人工智慧有一個限制，那就是它必須處理的大量數據，很容易就讓傳統的數位電腦不堪負荷。不過篩檢海量數據的能力正是量子電腦的強項之一。因此，人工智慧和量子電腦的交叉結合，可以大幅強化它們解答各種問題的能力。

量子電腦的進一步應用

量子電腦有能力改變整個產業。例如，量子電腦或許終於能夠引進期待已久的太陽能時代。幾十年來，未來學家和有遠見的人士一直預測，可再生能源終將取代化石燃料，解決正在讓我們的星球變暖的溫室效應。一批批這樣的思想家和夢想家始終不斷推崇可再生能源的優點。

然而太陽能時代卻走上了歧途。

風力渦輪機和太陽能電池板的成本雖然下降了，然而它們依然只占全球能源生產的一小部分。問題是：發生了什麼事？

每一種新技術都必須面對底線：成本。經過數十年頌讚太陽能和風能之後，推廣者都必須面對一項事實，那就是平均而言它的成本依然比化石燃料貴了一點。原因很清楚。當太陽不照耀時，當風不吹時，可再生能源技術就無法使用，只能閒置在那裡，積聚灰塵。

太陽能時代的關鍵瓶頸往往都被忽略；那就是電池。我們被電腦性能指數的快速成長慣壞了，不自覺地以為所有電子技術都會以相等速率改進。

電腦性能的飆升，部分是由於我們可以使用更短波長的紫外輻射，在矽晶片上蝕刻微小的電晶體。但電池不同；電池很麻煩，使用一批奇特的化學品納入複雜的交互作用。電池的性能緩慢而繁瑣地增長，而且是藉由嘗試錯誤，而非系統性地使用更短波長的紫外輻射來進行蝕刻。此外，電池中存儲的能量數額，只占了汽油所存儲能量的微小部分。

量子電腦有可能改變這點。它們或許有辦法模擬好幾千種可能的化學反應，而無須在實驗室中進行這些反應來找到最有效的超級電池歷程，從而導入太陽能時代。

目前，公用事業公司和汽車公司正使用 IBM 的第一代量子電腦來破解電池問題。他們嘗試提高下一代鋰硫電池的容量和充電速度。但這也只是這門技術能影響氣候的眾多方式之一。此外，埃克森美孚正使用 IBM 的量子電腦來創造用於低能量處理和碳捕獲的新式化學品。尤其是，他們希望量子電腦能夠模擬材料並確定其化學性質，好比熱容量。

PsiQuantum 的創辦人傑里米・奧布萊恩（Jeremy O'Brien）強調，這場革命並不只是為了造出更快的電腦。這實際上是為了解答完全難倒傳統電腦，不論給予多少時間都解答不出的問題，好比複雜的化學和生物學反應等。[11]

他說：「我們不是在談做得更快或更好……我們在談的是究竟能不能完成這些事情。這些問題永遠超出任何傳統電腦的能力範圍，就算我們動用了地球上的每顆矽原子，整個轉變成一台超級電腦，我們依然無法解決這些難題。」

餵飽這顆星球

量子電腦還有一個重要應用或許就是餵飽全球不斷增生的人口。某些細菌能夠毫不費力地從空氣中提取氮並把它轉化為氨，接著氨就可以轉化為製造肥料的化學物質。這種固氮歷程是生命在地球上繁盛滋長的原因，於是植被也才得以生長茂密，從而餵養人類和動物。當化學家用哈伯—博施法（Haber-Bosch process）仿效這一壯舉之時，綠色革命也就此啟動。然而，這個過程需要大量的能量。事實上，全球令人咋舌的百分之二的能源生產，全都投入了這個過程。

這正是諷刺之處。細菌可以免費完成的事情，卻消耗了全球巨大比例的能源。問題是：量子電腦能不能解答這道高效能肥料生產的問題，從而創造出第二次綠色革命？如果沒有另一場糧食生產的革命，未來學家預測，隨著不斷膨脹的世界人口變得愈來愈難以餵養，結果就可能導致一場生態浩劫，進而引發全球範圍的大規模饑荒和糧食騷亂。

微軟的科學家已經開始嘗試使用量子電腦來提高肥料的產量，並解鎖固氮的祕密。最終，量子電腦很可能有助於拯救人類文明免於自我毀滅。大自然還有另一個奇蹟，那就是光合作用，其中陽光和二氧化碳被轉變為氧氣和葡萄糖，接著這就構成了幾乎所有動物生命的基礎。倘若沒有光合作用，食物鏈就會崩潰，這顆星球上的生命也會迅速凋萎。

科學家花了幾十年的時間，試行針對每種分子逐一拆解這個歷程背後的所有步驟。然而，將光轉變為糖的問題，卻是種量子機制歷程。經過多年的努力，科學家們已經分離出了量子效應在哪個地方支配這個過程，所有這些都超出了數位電腦的能力範圍。因此，要創造出一種可能比自然光合作用更高效能的合成光合作用，依然是令我們最優秀化學家束手的難題。

量子電腦或許能夠協助創造出一種較高效能的合成光合作用，或許還能產生出用來捕捉太陽能的全新方式。我們食物供應的未來，很可能就仰賴於此。

量子醫學的誕生

量子電腦有能力讓環境和植物生命重現生機。不過它們也能療癒病患並起死回生。量子電腦不只能夠以凌駕任何傳統電腦的速率，同時分析數百萬種潛在藥物的功效，還能解析疾病的本質。

量子電腦或許能夠回答這樣的問題：健康細胞突然變成癌細胞的起因為何，以及如何制止它們？阿茲海默症的起因為何？為什麼巴金森氏症和肌萎縮性脊髓側索硬化症（ALS，亦稱「漸凍人症」）是無法根治的疾病？最近我們已經知道冠狀病毒會突變，然而這些突變病毒的危險性分別有多高，它們對治療會有什麼反應？

醫學界的兩項最重要發現是抗生素和疫苗。然而新的抗生素主要是靠嘗試錯誤來發現的，並沒有精確地理解它們在分子層級上是如何作用的，而疫苗也只是刺激人體製造化學物質來攻擊入侵的病毒。就這兩種情況，精確的分子機制仍是個謎，量子電腦或許能夠提供洞察力，讓我們深刻理解如何開發出更好的疫苗和抗生素。

談到認識身體，第一個巨大的進步是人類基因組計畫，列出了構成人體藍圖的 30 億個鹼基對和兩萬個基因。不過這只是起點。問題在於數位電腦主要是用來在已知基因編碼浩大數據庫中搜尋，然而就精確解釋 DNA 和蛋白質如何在體內實現奇蹟方面，它們就無能為力。蛋白質是複雜的物體，通常由好幾千顆原子組成，當施展分子魔術時，它們就會以特定的無法解釋的方式摺疊形成一種小球。在最基本的水平上，所有生命都是量子機制的，因此超出了數位電腦的能力範圍。

至於量子電腦就會引領我們進入下一個階段，到那時候，我們就能解碼分子層級的機制，由此認識它們如何運作，也使科學家得以創造出新的基因路徑、新的治療方法和新的根治措施來征服先前無法治癒的疾病。

舉例來說，包括 ProteinQure、數位健康 150（Digital Health 150）、默克藥廠（Merck）和百健公司（Biogen）等企業在內的製藥公司，都已經成立了研究中心來分析量子電腦將如何影響藥物分析。

科學家都深感驚嘆，大自然創造出了規模這麼浩大的分子機制，從而造就出了生命奇蹟。但這些機制是偶然和隨機天擇在數十億年間運作的副產物。這就是為什麼我們仍然受到某些無法治癒的疾病和老化過程的困擾。一旦我們理解了這些分子機制如何運作，我們也就能夠使用量子電腦來改進它們或創造出它們的新版本。

例如，利用 DNA 基因組學，我們可以用電腦識別出種種不同基因，好比有可能導致乳癌的乳腺癌一號基因（BRCA1）和乳腺癌二號基因（BRCA2）。然而數位電腦無法精確判定這些缺陷基因如何誘發癌症，也無法在癌症擴散全身之後制止其發展。然而，量子電腦藉由解讀我們免疫系統的分子繁複性質，或許就能創造出新的藥物和醫療方法來對抗這類疾病。

另一個例子是阿茲海默症，隨著世界人口老齡化，有人認為它會成為「世紀之疾」。利用數位電腦，人們可以證明某些基因的突變與阿茲海默症有關，好比載脂蛋白 E4（ApoE4）基因就是一例。但數位電腦無法解釋為什麼會這樣。

有個主流理論認為阿茲海默症是朊毒體（prion，音譯：普利昂）引起的，朊毒體是種在腦中錯誤摺疊的澱粉樣蛋白質。當這種變異的分子碰到另一個蛋白質分子時，它就會讓那個蛋白質分子也以錯誤的方式摺疊。因此，儘管沒有細菌和病毒參與，這種疾病仍然可以藉由接觸來傳播。我們猜想，變異的朊病毒或許就是釀成阿茲海默症、巴金森氏症、肌萎縮性脊髓側索硬化症以及其他以年長者為目標的無法治癒疾病的元凶。

因此，蛋白質摺疊問題是生物學中最廣大的未探勘領域之一。事實上，這有可能含括了生命本身的祕密。但要確定蛋白質分子究竟如何摺疊，會讓一切傳統電腦都束手無策。至於量子電腦就可以提供讓叛逆型蛋白質失效的新途徑，並能提供新的醫療方法。

再者，前面提到的人工智慧與量子電腦的整合，很可能會成為醫學的未來。如今已經有像阿爾法摺疊（AlphaFold）這樣的人工智慧程式成功繪製出類別數量驚人的 35 萬種不同蛋白質的原子細部結構，包括構成人體的完整蛋白質組合。接下來的步驟就是利用量子電腦的獨特做法來查出這些蛋白質是如何施展它們的魔法，並運用它們來創造出下一代的藥物和療法。

量子電腦已經被連上了神經網絡，期能創造出下一代的貨真價實能夠塑造自身的學習機器。相比之下，擺在桌上的筆電從去年到今天也沒有變得更加強大。直到晚近，隨著深度學習的新進展，電腦才初步開始認識錯誤並從中學習。量子電腦可以指數級加速這個進程，對醫學和生物學產生獨特的影響。

Google 執行長桑德爾．皮查伊（Sundar Pichai）將量子電腦的問世拿來與萊特兄弟的 1903 年歷史性飛行相提並論。那次原始試飛本身並不是那麼令人驚奇，因為那趟飛行只持續了短短的 12 秒鐘。不過那次短暫的飛行，卻是觸發現代航空的起因，從而也改變了人類文明的軌跡。

這裡面臨的風險不僅只是我們的未來。重點在於誰能製造和使用量子電腦。但要真正理解這場革命對於我們日常生活有可能帶來的影響，就有必要先回顧過去為實現我們使用電腦來模擬和認識周圍世界的夢想所做的一些英勇嘗試。

而這一切都始於在地中海海床上發現的一件兩千歲的神祕文物。

第二章
數位時代的終結

從愛琴海海底出現了古代世界最迷人、最引人矚目的謎題之一。1901 年，潛水員在安蒂基西拉島（Antikythera）附近打撈出了一件奇怪的珍品。在沉船中散落的破碎陶器、硬幣、珠寶和雕像當中，潛水員找到了一件與眾不同的事物。起初，它看起來就像是一塊長滿珊瑚的毫無價值的岩石。

但是當一層層的碎屑被清除之後，考古學家開始意識到，他們眼前所見是一件極為罕見、獨一無二的寶物。它裡面滿滿都是齒輪、轉輪和奇怪的銘文，那是一台設計細膩、精美的機器。

拿這件在沉船中發現的文物進行年代鑑定，估計這件物品是在西元前 150 年至前 100 年間製造的。有些歷史學家認為，當時那件物品正從羅得島運往羅馬，打算進獻給尤利烏斯・凱撒（Julius Caesar）作為一場凱旋儀式的贈禮。

2008 年，科學家利用 X 射線層析成像和高解析度表面掃描技術，得以透視這件引人入勝的物體內部。當他們意識到，他們眼前凝望的是一件先進得不可思議的古代機械裝置時，他們心中大感震驚。

古代紀錄完全不曾提過這麼精密的機械。他們領悟到這台華美極致的機器，必定是古代世界科學知識的頂峰。那是一顆燦爛耀眼的超新星，從千年之前凝望著他們。這是世界上最古老的電腦，一台直到兩千年後才會被複製的裝置。

科學家們開始構建這項驚人裝置的機械複製品。藉由轉動一個曲柄，一系列複雜的輪子和齒輪組在數千年來首次被啟動。它至少擁有 37 件青銅齒輪。其中一組齒輪可以計算月球和太陽的運動，另一組齒輪則能預測下一次日食何時到來。它甚至敏感到可以計算月球軌道的小幅偏差。裝置上的銘文翻譯記載了古人所知行星（水星、金星、火星、土星和木星）的運動，但據信該裝置還有另一部分（目前缺失）可以實際標繪出行星在天空中的運行軌跡。

從那時起，科學家製造出這件裝置的內部精密模型，也讓歷史學家得以對古人的知識和思維，產生前無古人的洞徹理解。這項裝置宣告了一個全新科學分支的誕生，開創了使用機械工具來模擬宇宙的先河。這是世界上最古老的類比計算器——可以使用連續機械運動來進行計算的裝置。

因此，世界上第一台電腦的目的是模擬天體運行，以一件掌上裝置重現出宇宙的奧祕。這些古代科學家不再只是敬畏讚嘆夜空，他們還想要理解它的運作細節，於是他們也得以對天體在天空中的運動，產生前無古人的洞徹理解。

量子電腦：最終的模擬

考古學家判定，安蒂基西拉島裝置代表了我們古代試行模擬宇宙的巔峰成就。事實上，這種模擬我們周圍世界的古老渴望，正是量子電腦發展背後的驅動力量之一，而量子電腦代表了兩千年來從模擬宇宙到原子本身等一切事物的這段旅程的終極努力。

模擬是我們最深層的人類渴望之一。孩子們使用玩具人偶來模擬，以理解人類行為。當孩子們玩警察與強盜、老師與學生或醫生與病人的遊戲時，他們是在模擬成人社會的一個片段，由此來認識複雜的人際關係。

遺憾的是，後來還得經歷許多個世紀，科學家才能夠製造出複雜程度足以模擬我們這處世界，性能得以和安蒂基西拉島機械相比的裝置。

巴貝奇和差分機器

隨著羅馬帝國的衰落，許多領域的科學進步，包括模擬宇宙方面，都陷入停滯。直到 19 世紀，那些興趣才逐漸復甦。到那時候便出現了一些緊迫的、只能靠機械類比計算器來回答的實際問題。例如，航海員依賴詳細的地圖和航海圖來規劃他們的船隻航線。他們需要一些裝置來協助讓這些地圖盡可能準確。

隨著人們開始積蓄愈來愈大量財富，還需要愈來愈複雜的機器來監控貿易和商業活動。會計師必須手工編製利率和抵押貸款利率大型數學表格。然而，人類往往會犯下代價高昂的重大錯誤。因此，當時對設計出不會犯這類錯誤的機械式加法機產生了濃厚的興趣。隨著加法機變得愈來愈複雜，在有企業頭腦的發明家之間展開了一場非正式競爭，要比賽誰能製造出最先進的加法機。

這些項目當中最富雄心的一項，或許就是由怪誕英國發明家暨深富想像力的查爾斯・巴貝奇（Charles Babbage）所領導的項目。巴貝奇常被稱為電腦之父，而且他曾涉獵眾多不同領域，包括藝術和甚至政治，但始終對數字十分著迷。幸運的是，他出生於一個富裕的家庭，因此他的銀行家父親可以幫助他追求許多不同的興趣。

他的夢想是創造出他那個時代的最先進計算機器，並能由銀行家、工程師、航海員和軍隊拿來使用，正確無誤地執行繁瑣但必要的計算。他有兩個目標。身為皇家天文學會的創始會員，他對創造出一種能追蹤行星和天體運動的機器深感興趣（基本上就是追隨當初製造出安蒂基西拉島裝置的人士，依循他們開創的先驅路徑）。他還關注為航海業製作準確的航海圖。英國是個主要的航海強權，航海圖出錯有可能釀成昂貴的災難。他的想法是創造出一種最強大的機械式計算器，用來標繪出從行星到海上船隻乃至於利率的一切動態。

他的說服本領高強，很能招募熱心追隨者來幫助推展他的宏偉計畫。其中一位是愛達 ・ 勒芙蕾絲（Ada Lovelace）夫人，她是位貴族成員，且是拜倫勛爵（Lord Byron）的女兒。她還相當認真研習數學，這在當時的女性當中是相當罕見的。當她看到巴貝奇的計畫中的一個小型工作模型時，她就迷上了這項令人振奮的計畫。

勒芙蕾絲因幫助巴貝奇引入了幾個新式計算概念而聞名於世。通常一台機械式計算器會需要一批齒輪套組來緩慢艱辛地逐一計算數字。但要一次生成包含數千個數學數值的整張表格（好比對數、利率和導航圖），我們就需要一組指令來指導機器進行多次反覆運算。換句話說，我們會需要軟體來指導硬體的計算順序。於是她寫了一系列細部指令，讓機器能夠循序漸進生成所謂的白努利數，這是對所執行計算至關重要的數值。

就某種意義上，勒芙蕾絲是世界上第一位程式設計師。歷史學家一致認為，巴貝奇有可能意識到了軟體和程式設計的重要性，不過她在1843年寫下的詳細筆記，代表了已發表電腦程式的第一部文獻紀錄。

她還認識到，計算器並不是像巴貝奇當初所想的只能處理數字，它還能類化來描述範圍廣泛的符號概念。作者多倫 ・ 斯韋德（Doron Swade）寫道：「愛達看出了巴貝奇就某個層面來講未能看到的東西。

在巴貝奇的世界裡，他的發動機受了數字的束縛。在勒芙蕾絲眼中⋯⋯數字可以代表實體，而不是數量。所以一旦你有了一台處理數字的機器，如果那些數字代表其他東西、字母、音符，那麼機器就可以根據規則來處理這些符號，而數字只是這當中的一個實例。」[1]

例如，勒芙蕾絲寫道，計算器可以被編程來創作音樂作品。她寫道：「這台發動機或許能創作任意複雜程度或任意範圍的精緻的、科學的音樂作品。」[2] 所以，計算器不只是種數字處理器或浮誇的加法機。它還可以用來探索科學、藝術、音樂和文化。但不幸的是，勒芙蕾絲還來不及詳細闡述這些改變世界的概念之前，就在 36 歲時因癌症去世。

與此同時，由於巴貝奇經常欠缺資金而且不斷與他人發生爭執，妨礙了他創造出當時最先進機械式計算器的夢想，他的美夢始終未能實現。巴貝奇去世時，他的許多藍圖和想法也隨著他消亡。

不過從那時以來，科學家不斷嘗試精確研究他的機器到底是多麼先進。他的一個未完成模型的藍圖包含了兩萬五千個零件。如果建造完成將重達四公噸，高將近 2.5 米。他遠遠超越了他的時代，他的機器可以處理一千個 50 位數的數字。這般龐大的記憶體容量直到 1960 年才被另一台機器迎頭趕上。

但在他去世約一個世紀過後，倫敦科學博物館的工程師們遵照他的紙上設計，完成了他的一個模型並把它展示出來。而且這個模型能夠運作，應驗了巴貝奇上一世紀的預測。

數學完備了嗎？

當工程師為了因應愈益工業化世界的需求，建造出愈來愈複雜的機械式計算器時，純粹數學家則提出了另一個問題。這一直是希臘幾何學家的夢想之一，那就是表明數學中的所有真命題都能夠予以嚴謹證明。

但令人驚訝的是，這個簡單的想法，卻讓數學家困擾了兩千年。幾個世紀以來，研究歐幾里得《幾何原本》的學子們努力證明有關幾何物件的一條又一條定理。隨著時間的推移，傑出的思想家便得以證明愈來愈多的真命題。即使在今天，數學家們仍投入終身編纂出能以數學來證明的眾多真命題。然而在巴貝奇的時代，他們才開始提出一個更加根本的問題：數學完備了嗎？數學的規則是否能擔保每則真命題都能被證明，或者有些真命題會讓人類最出色的頭腦束手無策，因為它們事實上是不可證明的？

1900 年時，偉大的德國數學家大衛 ‧ 希爾伯特（David Hilbert）列出了當時最重要的尚未證明數學問題，向世界上最偉大的數學家們發起挑戰。這組非凡的未解問題將在接下來那個世紀中指導數學的議程，這些尚未證明的定理，會逐一被證明。往後幾十年間，年輕的數學家將靠著征服希爾伯特的某一道未完成定理，掙得名聲和榮耀。

不過這裡帶了點諷刺意味。希爾伯特列出的未解問題之一，就是有關於給定一組公理並證明所有數學真命題的那道古老問題。1931 年時，在希爾伯特投入討論他的計畫的一次研討會上，一位年輕的奧地利數學家庫爾特 ・ 哥德爾（Kurt Gödel）證明了這是不可能的。

數學界掀起了震撼浪濤。兩千年的希臘思想被完全粉碎，不可挽回了。全世界數學家都只能愕然搖頭不敢相信。他們只能面對這個事實：數學並不是希臘人一度設想的那種簡潔、有條理、完備並可證明的定理集合。就連數學這種構成我們理解周遭物理世界根基的學問，也很混亂又不完備。

艾倫 ・ 圖靈：電腦科學先驅

幾年之後，一位年輕的英國數學家對哥德爾著名的不完備定理（incompleteness theorem）產生了濃厚的興趣，也找到了一種巧妙的方法來重新框定整個問題。這會徹底改變電腦科學的方向。

艾倫 ・ 圖靈（Alan Turing）的非凡能力在他年輕時就獲得認可。他的小學校長後來寫道，在她的學生中，「有聰明的孩子和勤奮的孩子，但艾倫是個天才」。[3]後來他就會被稱為電腦科學和人工智慧之父。

儘管面臨嚴厲反對和艱難困境，圖靈堅毅不拔決意要通曉數學。事實上，他的校長還曾積極勸說試圖要他打消對科學的興趣，並表示「他是在公立學校浪費時間」。但這種反對只是進一步激發了他的決心。他十四歲時，一次大規模罷工導致國家運作大半停擺，但他十分渴望上學，於是獨自騎自行車跑了將近一百公里，好在學校再次開放時到達課堂。

與其製造出愈來愈複雜的像巴貝奇差分機這樣的加法機器，圖靈最終便向自己提出了一個不同的問題：機械式計算機所能執行的事項，有沒有個數學上的極限？

換句話說，電腦能證明所有事情嗎？

為了回答這道問題，他必須讓電腦科學領域變得嚴謹，因為這門學科之前只是個由特立獨行工程師所創造出的零散想法和發明組成的鬆散集合。當時並沒有系統的方法來討論什麼是可計算極限等相關問題。因此，1936 年他導入了一種概念，那是種表面上很簡單，卻能掌握住計算本質的裝置，那就是如今所稱的通用圖靈機（universal Turing machine），同時他也就讓這整個領域奠定了堅實的數學基礎。如今，圖靈機是所有現代電腦的基礎。從五角大廈的巨型超級電腦到你口袋裡的手機，全都是圖靈機的實例。毫不誇張地講，現代社會的方方面面，幾乎全都建立在圖靈機之上。

圖靈想像一條無限長的磁帶，內容含括一系列的方格或單元格。每個方格內你都可以放置 0 或 1，或者留白。

然後，一個處理器讀取這條磁帶，並只允許對它執行六種簡單的操作。基本上，你可以將 0 替換為 1，反之亦然，並將處理器向左或向右移動一個方格：

1. 你可以讀取方格中的數字
2. 你可以在方格中寫入一個數字
3. 你可以向左移動一個方格
4. 你可以向右移動一個方格
5. 你可以改變方格中的數字
6. 你可以停止

（圖靈機是用二進制語言寫的，並不採用十進制。在二進制語言中，數字一表示為 1，數字二表示為 10，數字三表示為 11，數字四表示為 100，依此類推。此外還有一個存儲數字的記憶體。）然後最終的數值結果就成為處理器的輸出並呈現出來。

換句話說，圖靈機可以根據軟體中的精確指令，將一個數字轉換成另一個。因此，圖靈將數學化為一種遊戲：藉由有系統地將 0 替換為 1，反之亦然，我們就可以把所有數學內容編纂成碼。

在闡述這些理念的論文中，圖靈以一組簡潔的指令表明，使用他的機器可以執行所有的算術運算，也就是可以進行加、減、乘、除。然後，他利用這個結果來證明數學中一些最困難的問題，從可計算性的角度重新表述了一切。整個數學總體就這樣從計算角度來予以重寫。

例如，我們來展示在圖靈機上如何完成 2+2=4，這說明了所有算

圖 1　圖靈機

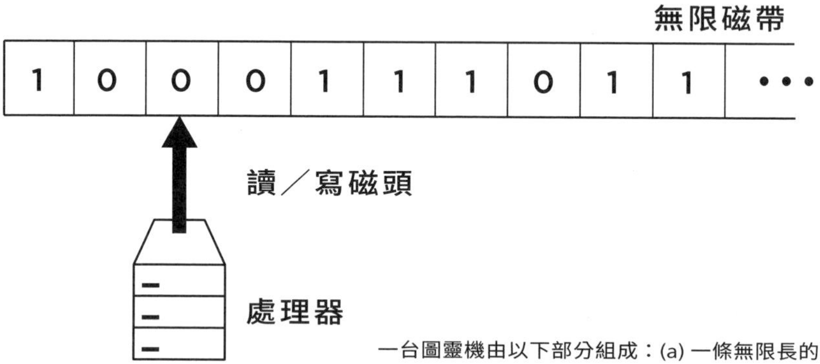

一台圖靈機由以下部分組成：(a) 一條無限長的輸入數位磁帶，(b) 一條輸出數位磁帶，以及 (c) 一個遵照固定規則組將輸入資訊轉換為輸出的處理器。它是所有現代數位電腦的基礎。

術運算如何編纂成碼。首先備妥一條磁帶，並輸入數字二，即 010。然後移動到中間的單元格，其中有一個 1，將其替換為 0。然後向左移動一步，其中有一個 0，將其替換為 1。現在磁帶讀數為 100，等於四。藉由將這些指令類化，我們就可以執行涉及加法、減法和乘法的任何運算。再稍加修改，還可以進行除法。

圖靈接著自問一個簡單但很重要的問題：哥德爾著名的涉及高等數學的不完備定理，能否用他的圖靈機來證明？畢竟這台圖靈機雖然簡單得多，卻依然掌握了數學的本質？

圖靈首先定義了什麼是可計算的。基本上他就是說，如果一個定理可以在有限時間內由圖靈機證明，那麼這個定理就是可以計算的。如果一個定理需要在圖靈機上花費無限的時間，那麼實際上這個定理就是不可計算的，而我們也不知道這個定理是否正確。因此，它是無法被證明的。

簡單來說，圖靈當時便以簡明的形式表達了哥德爾提出的問題：有沒有哪項真命題是在給定一組公理的情況下，無法在有限時間內由圖靈機計算得出？

就如同哥德爾所得成果，圖靈也表明了答案是肯定的。

這又一次讓證明數學完備性的古老夢想破碎，不過這次採用的方式直觀又簡單。這就意味著，就算擁有世界上最強大的電腦，也永遠無法在有限時間內，使用給定的一組公理來證明所有的真命題。

電腦的戰爭用途

顯然，圖靈已經證明了自己是個頂尖數學天才。然而，他的研究被第二次世界大戰打斷了。為了支援戰爭，圖靈被徵召到倫敦市外布萊切利園（Bletchley Park）的軍事機構進行最高機密工作。他們的任務是破解納粹的機密代碼。納粹科學家創造了一種名為「恩尼格瑪」（Enigma）的謎式密碼機，這種機器可以將信息重新編寫成無法破解的代碼，然後將這些加密信息發送給全球範圍的納粹戰爭機器。這些代碼中包含了世界上最敏感的指令集：也就是納粹軍隊，特別是海軍的作戰計畫。文明的最終命運有可能取決於破解恩尼格瑪代碼是否成功。圖靈和同事們著手解決這道關鍵問題，他們投入設計計算機來系統地破解這些不可理解的代碼。他們的第一次突破號稱「炸彈」（bombe）解碼機，在某些方面類似於巴貝奇的差分機。不過炸彈解碼機的不同之處在於，以往的機器採用蒸汽驅動機制，齒輪套組和齒輪的速度都很慢、製造困難並且經常卡住，炸彈則是仰賴轉盤、鼓輪和繼電裝置，全部由電力驅動。

不過圖靈還參與了另一項更具創意的設計方案——巨人計算機（Colossus）。歷史學家認為這是世界上第一台「可編程數位電子計算機」。巨人和差分機與炸彈的差別在於，它們並不使用機械部件，而是採用真空管，這能以接近光速來傳送電信號。真空管可以比擬為控制水流的閥門。轉動一個小閥門，你就可以關閉流經遠遠更大口徑水管的水流，或者讓它暢通無阻。這就可以用來表示數字 0 或 1。因此，一個水管和閥門的系統，就可以代表一台量子電腦，其中水流就像電流。布萊切利園的機器用上了真空管大型陣列，可以啟動或切斷真空管電流，以極高速率來進行數位計算。因此，圖靈和其他人的工作是以數位計算機取代了類比計算機。巨人計算機的一個版本包含了兩千四百個真空管，占據了一整個房間。

除了速度更快之外，數位電腦還有另一個遠勝類比系統的巨大優勢。想像使用辦公室的影印機反覆複製一張圖片。每次你影印那幅圖像並循環利用，你都會丟失一些資訊。倘若你一再循環利用那同一張圖像，最終那張圖像就會愈來愈模糊，最後就完全消失。因此，每次複製圖片時，類比訊號都很容易導入錯誤。

（現在，將圖片數位化，讓它變成為一串串的 0 和 1。當你第一次將圖片數位化時，你就會丟失一些資訊。然而，數位訊息可以被反覆複製，而每次循環幾乎都不會丟失絲毫資訊。因此，數位電腦比類比電腦準確得多。

（此外，編輯數位信號會很容易。類比信號，好比一幅圖片，那就非常難以修改。但是數位信號可以藉由簡單的數學演算法，按一下按鈕就能改變。）

在戰爭時期的巨大壓力下，圖靈和他的團隊最終在 1942 年左右破解了納粹的密碼，這發揮助力擊敗了納粹在大西洋的海軍艦隊。不久之後，盟軍也就能夠侵入納粹軍隊的最深層機要計畫。他們能夠偵監納粹給部隊的指示並預測他們的作戰計畫。巨人計算機在 1944 年完工，正好趕上了諾曼第最後入侵，就此納粹並沒有做好充分的準備。這為納粹帝國的命運畫上了終點。這些突破是具有重大意義的，有些在 2014 年電影《模仿遊戲》（*The Imitation Game*）中永留青史。沒有他們的關鍵成就，戰爭很可能會再拖延多年，釀成無可言喻的痛苦和磨難。哈里 · 辛斯利（Harry Hinsley）等歷史學家估計，圖靈和其他人在布萊切利園的工作，讓戰爭縮短了約兩年時間，拯救了超過一千四百萬人的生命。世界的地圖和無數無辜者的生命，都因為他的開創性工作而徹底改變了。

在美國，製造原子彈的工作人員被視為戰爭英雄和奇蹟創造者，然而在英國，圖靈卻面臨了不同的命運。由於國家機密法，他的成就被保密了數十年，沒有人知道他對戰爭工作的巨大貢獻。

圖靈和人工智慧的創造

戰爭過後，圖靈回頭研究一道從年輕起就讓他沉迷的古老問題：人工智慧。1950 年時，他就有關這項課題的指標性論文開篇寫道：「我提議考量這道問題：機器能思考嗎？」

或者換個說法，腦子算不算一種圖靈機？

他對於延續了好幾個世紀的有關於意識、靈魂和人類本質的那所有哲學討論深感厭倦。他認為這些討論最終都是毫無意義的，因為針對意識並沒有決定性的測試或基準。

於是圖靈提出了著名的圖靈測試。將一個人安置在一個密閉的房間裡面，並將一個機器人安置在另一個房間裡面。你可以向他們分別提出任何書面問題並閱讀他們的回答。挑戰是：你能不能判斷，哪個房間裡的是人類？他稱這個測試為「模仿遊戲」。 他在論文中寫道：「我相信大約 50 年之後，說不定就能編程計算機，而且存儲容量約達

到 10^9，讓它們能夠十分出色地玩模仿遊戲，並讓一般訊問者在五分鐘的提問之後，做出正確身分識別的概率不會超過七成。」[4]

圖靈測試摒除無休止的哲學辯論，以一種可重複驗證的簡單測試取而代之，並能得出是或否的簡單答案。與往往得不出答案的哲學問題不同，這種測試是可判定的。

此外，它還將「思考」與人類能做到的事情簡單地進行比較，巧妙地避開了這個難以捉摸的問題。我們不需要定義我們所稱的「意識」、「思考」或「智慧」的意思。換句話說，如果某件事物看起來像鴨子，舉止也像鴨子，那麼無論你如何定義它，這東西很可能就是鴨子。他為智慧提出了一項操作性定義。到目前為止，還沒有任何機器能夠始終如一地通過圖靈測試。每隔幾年，每當圖靈測試進行時，總會上頭條新聞，但每次裁判們都區辨得出誰是人類、誰是機器，就算機器獲准撒謊和捏造事實也一樣。然而後來一次不幸事件突然結束了圖靈的所有開創性工作。

1952 年，有人闖入圖靈家中行竊。警方來調查時，發現了圖靈是同性戀的證據。於是他被逮捕並依據《1885 年刑法修正法》（Criminal Law Amendment Act of 1885）遭判刑。處罰非常嚴厲。他面臨選擇，看是要入獄或者接受激素治療。他選擇了後者，接受注射一種合成的女性荷爾蒙雌激素——乙烯雌酚，這導致他乳房增大並且陽痿。這種爭議性療法持續了一年。然後有一天，他在自己家中被人發現死亡。

他死於致命劑量的氰化物中毒。據報導，他身旁有顆吃了一半的毒蘋果，有人推測這是他自殺的方式。

這是一場悲劇，這位計算機革命的肇始者之一，他協助拯救了數百萬人的生命、擊敗了法西斯主義，但在某種意義上，他卻被自己的國家毀滅了。然而，他的遺產依然在地球上每一台量子電腦中存續下來。今天，地球上的每一台計算機的架構，全都得歸功於圖靈機。世界經濟仰賴這位先驅的工作成果。

但這僅只是我們故事的開始。圖靈的工作是基於一種叫做決定論的理念，也就是未來是事先決定的一種想法。這意味著如果你將一個問題輸入圖靈機，每次都會得出相同的答案。在這種意義上，一切都是可預測的。因此，如果宇宙是一台圖靈機，所有的未來事件在宇宙誕生的那個瞬間就已經被決定了。但是有關於我們對世界的認識的另一場革命，就要推翻這種想法。決定論會被推翻。就如同哥德爾和圖靈幫助證明了數學是不完備的那般，或許未來的電腦也必須應付物理學導入的基本不確定性。

所以數學家們會聚焦關注另一個問題：可不可能建造出一台量子圖靈機？

第三章

量子崛起

量子理論的創始人馬克斯 ‧ 普朗克（Max Planck）是一位充滿矛盾的人。就一方面，他是個極端保守派。這或許是由於他的父親是一位基爾大學（University of Kiel）法律教授，而且他的家族有種顯赫的悠久傳統，講誠信並投身公共服務。他的祖父和曾祖父都是神學教授，還有一個叔叔是法官。

他工作時很謹慎，舉止一絲不苟，是維繫體制的支柱。從表面上看，這樣一位溫文爾雅的人，你根本想像不到，他怎麼可能會成為歷來最偉大的革命家，引發了量子洪流，顛覆了前幾個世紀所有受珍視的觀念。然而這正是他開創的成就。

1900 年，頂尖物理學家堅信，我們周遭的世界可以用以撒 ‧ 牛頓（Isaac Newton）和詹姆斯 • 馬克士威（James Clerk Maxwell）的成果來解釋。牛頓的定律描述了宇宙的運動，馬克士威則發現了光學和電磁學定律。從太空中巨行星的運動到炮彈乃至於閃電，都可以用牛頓和馬克士威來解釋。據說當時美國專利局甚至還曾經認真考慮要關閉，因為所有能被發明的東西都已經被發明出來了。

根據牛頓的說法，宇宙是一座鐘，遵照他的運動三定律以精確和預先確立的方式來運行。這就稱為牛頓的決定論，並在好幾個世紀期間占了主導地位。（有時它也被稱為古典物理學，來和量子物理學區分。）

不過這裡有個惱人的問題。這裡有好幾個鬆脫的線頭，一旦拉動這些線頭，這個精心構建的牛頓結構最終就會解體。

古代工匠知道，如果粘土在窯爐中加熱到夠高的溫度，它最終就會發出明亮的輝光。它會開始變得熾烈火紅，然後發出強烈的黃光，最後就變成高熱的藍白色。每次點火柴時，我們都會看到這種情況。在火焰的頂部，溫度最低的地方，火焰是紅色的。在中心部分，火焰是黃色的。而在合宜的條件下，火焰的底部就呈高熱的藍白色。

物理學家試圖推導出這個眾所周知的高熱物體的特性，結果都失敗了。他們知道，熱不過是原子的運動。物體的溫度愈高，其原子運動得愈快。他們還知道，原子也有電荷。根據馬克士威的定律組，如果你讓一個帶電的原子運動得足夠快，它就會輻射出（像電波或光這樣的）電磁輻射。高熱物體的顏色代表輻射的頻率。

所以，使用牛頓的原子理論和馬克士威的光理論，我們就可以計算出高熱物體發出的光。到目前為止都沒問題。然而當實際進行計算時，災變就發生了。結果發現高頻時發射的能量會變得無窮大，這是不可能的。這就稱為瑞立—金斯災變（Rayleigh-Jeans catastrophe）。它讓物理學家意識到，牛頓力學存有一個巨大的漏洞。

有一天，普朗克嘗試為他的物理課推導瑞立—金斯災難，但他使用的是種奇特的新穎方法。他厭倦了採用相同的老方法，所以出於純粹的教學理由，他提出了一個怪誕的假設。他假設從原子發射出的能量，只能以一種微小的離散能量包樣式呈現，這些離散包就稱為量子。這是種異端邪說，因為牛頓的方程式指出，能量應該是連續的，並不是離散的。但是當普朗克假設能量呈現一定大小的離散包樣式時，他發現了完全相符的正確曲線，將溫度和光的能量連接起來。

這是個劃時代的發現。

量子論的誕生

這是一段漫長歷程中的第一步，走到最後就會創造出量子電腦。普朗克的革命性洞見意味著牛頓力學是不完備的，必須出現一種新的物理學。我們對宇宙的所有認識，都會被徹底改寫。

然而身為一個正規的保守派，他謹慎地提出了他的想法，圓滑地聲稱，如果你導入這種能量包伎倆來作為一種演練，那麼你就能精確地再現見於自然界的實際能量曲線。

為了完成這種計算，他不得不引入一個代表能量之量子大小的數字。他稱之為 *h*（也就是我們所稱的普朗克常數，6.62...×10^{-34} 焦耳秒），這是一個極小的數字。在我們的世界中，我們從未看到量子效應，因為 *h* 太小了。但如果你能以某種方式改變 *h*，你就可以從量子世界持續平順地轉移到我們的日常世界。幾乎就像調整收音機的旋鈕一樣，你可以把它調到最低，於是 $h=0$，這樣我們就有了牛頓的常識世界，那裡沒有量子效應。但如果調往另一個方向，我們就進入了詭異的量子次原子世界，這個世界就如物理學家不久之後所發現的那樣，彷彿就是《陰陽魔界》（*Twilight Zone*）。

我們也可以拿這點應用於電腦。如果我們讓 *h* 趨近於零，我們就會得到經典的圖靈機。但如果我們讓 *h* 變大，那麼量子效應就會開始出現，而我們也會緩慢地將經典的圖靈機變成量子電腦。

儘管他的理論無庸置疑能與實驗數據相符，並開創了全新的物理學分支，往後多年他卻依然飽受死硬派古典牛頓思想執拗信徒的糾纏。普朗克描述這場鋪天蓋地的反對浪潮，提筆寫道：「新的科學真理的勝利，並不是藉由說服其反對者並讓他們體悟真相，而是因為反對者最終就會死去，而熟悉它的新生世代就會成長。」[1]

但不論反對多麼激烈，愈來愈多的證據開始累積，驗證了量子理論的正確性。它毫無疑義完全正確。

例如，當光照射金屬就能擊出一顆電子，從而產生一股微弱電流，這就是光電效應。這正是讓太陽能板吸收光，並將它轉化為電力的原理。（它也常見於許多設備當中，好比以光伏電池取代傳統電池的太陽能計算機，還有將主體的光轉換為電信號的現代數位相機。）

最終解釋這個效應的人是一位身無分文、默默無聞的物理學家，當時他是在瑞士伯恩一個不起眼的專利局裡埋頭苦幹。他當學生時逃了太多課，教授們給他的推薦信非常不討喜，導致他在畢業之後申請的每個教職都遭回絕。他經常失業，到處打零工，好比擔任家教和推銷員等。他甚至寫了一封信給父母說，或許他從未出生還會更好。最終，他成為了專利局的一名低級職員。大多數人會當他是個失敗者。

解釋了光電效應的人是阿爾伯特・愛因斯坦，他是運用普朗克的理論才辦到的。依循普朗克所見，愛因斯坦宣稱光能量能夠以離散的能量包或量子（後來稱為光子）的形式存在，這些光子能夠擊出金屬中的電子。

因此，一項新的物理學原理開始浮現。愛因斯坦引入了「二象性」的概念，也就是說，光能量具有雙重性質。光既可以表現為粒子，也就是光子，也可以像光學中的波那樣表現為波。光以某種方式具有兩種可能的形式。

1924年，一位年輕的研究生路易・德布羅意（Louis de Broglie）使用普朗克和愛因斯坦的理念，邁出了下一個重大步伐。倘若光既可以表現為粒子也可以表現為波，那麼物質為什麼不可以呢？或許電子也具有二象性。

這在當時是異端，因為物質被認為是由稱為原子的粒子構成的，這個觀點是德謨克利特（Democritus）在兩千年前提出的。不過到了最後，一個巧妙的實驗推翻了這項信念。

當你把石頭扔進池塘，就會形成擴散的漣漪，然後相互碰撞，從而在池塘表面形成網狀的干涉圖案。這就解釋了波的性質，但物質被認為是基於點狀粒子的，這些粒子沒有波狀的干涉圖案。

不過現在開始用兩張平行的紙。在第一張紙上切出兩個小縫隙，然後以一道光束通過這些縫隙。由於光具有類波性質，這時就會有一組明暗條紋的明顯圖案出現在第二張紙上。當波通過兩道縫隙之時，它們就會在第二張紙上相互干涉，相互放大並彼此抵銷，形成稱為干涉圖案的條紋。這是眾所周知的。

不過現在就改動這項實驗，以一道電子束來取代光束。若有一束電子射穿第一張紙上的兩道縫隙，那麼料想在另一張紙上就會看到兩道清楚明亮的縫隙。這是由於電子據信就是種點粒子，只會通過第一道或第二道縫隙，但不會同時通過兩道。

當這項實驗採用電子來重複進行時，研究人員發現了一組波狀圖樣，類似於光束的效果。電子表現出的舉止類似波，而不只是點粒子。長期以來，原子總被認為是物質的終極單元。現在，它們就像光一樣

圖 2　雙狹縫實驗

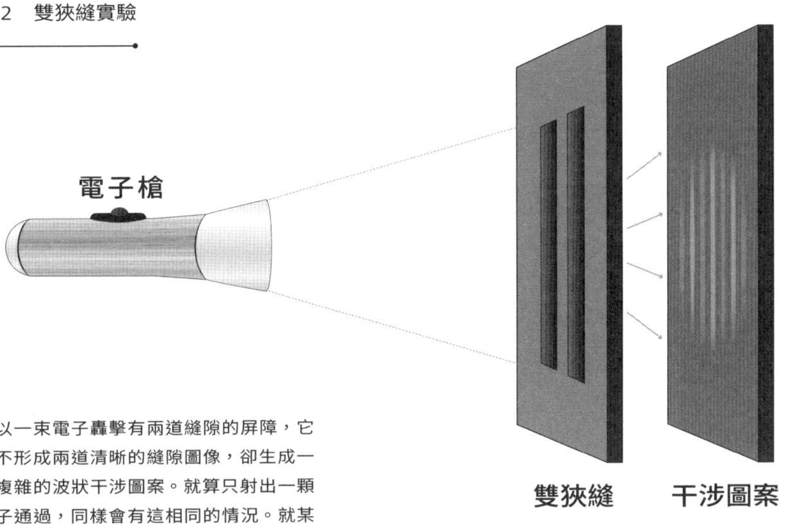

若以一束電子轟擊有兩道縫隙的屏障，它並不形成兩道清晰的縫隙圖像，卻生成一幅複雜的波狀干涉圖案。就算只射出一顆電子通過，同樣會有這相同的情況。就某種意義，一顆電子同時穿過了兩道縫隙。即便到了今天，物理學家依然在爭辯，電子是如何能夠同時處於兩個位置。

消散成波。這些實驗顯示，原子可以表現出像波或像粒子的行為。

某天，奧地利物理學家埃爾溫・薛丁格（Erwin Schrödinger）與一位同事討論物質類似波的概念。但如果物質能夠表現得像波，他的朋友問，那麼它必須遵守什麼方程式？

這道問題激發了薛丁格的興趣。物理學家對波非常熟悉，因為波在研究光的光學性質時很有用，也經常以海浪或音樂聲波的形式來接受分析。因此，薛丁格開始尋找電子的波動方程式。這是往後會徹底顛覆我們對宇宙理解的方程式。就某種意義上來說，整個宇宙，包含所有的化學元素，包括你和我，都是薛丁格波動方程式的解。

波動方程式的誕生

如今，薛丁格波動方程式是量子理論的基石，在所有研究所的高級物理學課程都會教授。它構成了量子理論的核心和靈魂。我有時會在紐約市立大學花一整個學期來教授這一則方程式的涵義。

從此以後，歷史學家一直努力想理解，薛丁格在發現這則著名方程式的那一刻，究竟是在做什麼，這是量子理論的基礎。是誰或什麼推動啟發了該世紀最偉大的創作之一？

傳記作家早就知道，薛丁格以他的眾多女友著稱。（他篤信自由戀愛，手中保有一本筆記本，隨時登載羅列他的所有情人，並以祕密標記來記錄每次相逢。他還經常與妻子以及情婦一起旅行，往往讓訪客吃驚。）

歷史學家檢視薛丁格的筆記本並一致認為，在他發現這則著名方程式的那個週末，他是與一位女友待在阿爾卑斯山的赫爾維格別墅（Villa Herwig）共度時光。有些歷史學家稱她為激發量子革命的繆斯女神。薛丁格的方程式是一枚重磅炸彈，甫推出立即取得了壓倒性成功。在此之前，物理學家如歐內斯特 • 拉瑟福（Ernest Rutherford）

都認為，原子就像個太陽系，帶有微小的點狀電子環繞原子核運行。然而，這幅圖像過於簡單，因為它完全沒有說明原子的結構以及為什麼存在這麼多元素。但是如果電子是種波，那麼當它環繞原子核運行時，波就應該會形成具有確定頻率的離散共振。將電子可能產生的共振進行編目，我們就會發現有種波形完美地符合氫原子的描述。

這是如何運作的呢？當我們在浴室裡唱歌時，只有我們聲音中的某些波可以在牆壁之間共振，產生悅耳的聲音。我們在浴室裡突然變成了偉大的歌劇演唱家。若是不能正確匹配浴室內部空間的頻率，最終都會消失和衰退。相同道理，如果我們擊鼓或吹奏小號，只有某些頻率得以在其表面或管道內振動。這是音樂的基礎。

拿薛丁格波所預測的共振來與實際的元素做個比較，我們發現了一個驚人的一對一對應關係。幾十年來苦研原子卻百思不得其解的物理學家們，現在就可以窺探原子本身內情了。拿這些波動模式來與德米特里・門得列夫（Dmitri Mendeleev）以及其他人在自然界發現的一百種左右的化學元素進行比較，我們就可以用純數學來解釋這些元素的化學性質。這是一項驚人的成就。後來物理學家保羅・狄拉克（Paul Dirac）便如先知般寫道：「因此以數學來處理大半物理學和整個化學所需的基本定律便已完全為人所知，難就難在運用這些定律時，會產生出過於複雜以致無法求解的方程式。」[2]

量子原子

化學家歷經數百年辛苦整理出的元素週期表，現在就可以使用一個簡單的方程式來解釋，只須為電子波呼嘯環繞原子核時的共振求解即可。

要了解週期表如何從薛丁格方程式中產生出來，可以把原子設想成一家旅館。每個樓層都有不等數量的房間，每個房間最多可以容納兩顆電子。此外，每個房間都只能按一定的順序填滿，也就是一樓的房間必須先有了住客之後，二樓才開放預約。我們在一樓有個叫做 1S 的房間或「軌域」，可以容納一顆或兩顆電子。1S 房間對應於氫（在有一顆電子的情況下）和氦（在有兩顆電子的情況下）。

到了二樓，我們有兩種類型的房間，分別叫做 2S 和 2P 軌域。在 2S 房間中，我們可以容納兩顆電子，但我們也有三個 P 房間，分別標記為 Px、Py 和 Pz，每個房間有兩顆電子。這就意味著我們在二樓最多可以容納八顆電子。這些房間填滿時，依次對應於鋰、鈹、硼、碳、氮、氧、氟和氖。

當電子所處房間中未能匹配成對時，它就可以在仍有空房的不同旅館之間被共享。因此，當兩顆原子彼此靠近之時，其中一顆未配對電子的波就可以在原子之間被共享，於是電子波便在雙方之間往返移動。這就產生了一個鍵結，形成了一顆分子。

化學定律能以我們如何填滿旅館房間來解釋。在最低層，如果我們在 S 軌域中有兩顆電子，則 1S 軌域已經填滿。這就代表只有兩顆電子的氦，不能形成任何化學鍵，因此它在化學上是惰性的，不形成任何分子。相同道理，若是我們有八顆電子位於第二層，則所有軌域都已經填滿，因此氖也不能形成任何分子。由此我們就可以解釋為什麼會有氦、氖、氪等惰性氣體。

這也有助於解釋生命的化學。最重要的有機元素是碳，它有四個鍵，因此可以產生出碳氫化合物，建構生命的基石。查看週期表，我們發現碳在第二層有四個空軌域，這讓它得以與氧、氫等其他四個原子鍵結，形成蛋白質甚至 DNA。我們身體的分子是這項簡單事實的副產品。

關鍵在於，只要判定每個層級包含多少顆電子，我們就可以用純數學簡單而優雅地預測週期表的許多化學性質。如此一來，整個週期表大致上就可以根據第一原理來預測。週期表的所有這一百多種元素，大致都能以環繞核心的不同共振電子來予描述，就像逐層填滿旅館客房的情況。

令人驚嘆的是，單一方程式竟然可以解釋用來組建出整個宇宙，包括生命本身的構成元素。突然之間，宇宙變得比任何人心中所想還更簡單。

化學已經被簡化為物理學。

概率波

儘管薛丁格方程式這般宏偉又強大，仍有一個重要但令人尷尬的問題。如果電子是種波，那麼是什麼在波動？

這個問題的解答會讓物理學界從中裂解為兩個陣營，導致物理學家在往後數十年間劍拔弩張。這會引發整個科學史上一場極具爭議性的論戰，挑戰我們對存在之本質的理解。即便到了今天，仍有會議討論這次分歧帶來的所有數學微妙影響和哲學意涵。這場爭議的一個副產品，到頭來正是量子電腦。

物理學家馬克斯・玻恩（Max Born）就此提出假設，點燃了這場爆炸性論戰的導火線，他的假設是，物質是由粒子組成，但找到該粒子的概率則是由波來給定。

這立刻將物理學界裂解為兩派，首先是創始「元老派」（包括普朗克、愛因斯坦、德布羅意和薛丁格）捍衛其中一方，全都譴責這項新的解釋；而維爾納・海森堡（Werner Heisenberg）和尼爾斯・玻耳（Niels Bohr）則守護另一邊，形成了量子力學的哥本哈根學派（Copenhagen school）。

這項新的解釋甚至連愛因斯坦都無法接受。這就意味著你只能計算概率，永遠得不出確切結果。你永遠不知道粒子的明確位置；你只能計算出它在那裡的可能性。就某種意義而言，電子可以同時存在於兩處地方。埃爾溫也提出了量子力學的另一種等效替代表述，他稱之為不確定性原理（uncertainty principle，另譯「測不準原理」）。

科學的整體全貌在他們眼前被顛覆了。從前數學家被迫面對不完備定理，現在物理學家則必須面對不確定性原理。就像數學，物理學在某個程度上也是不完備的。

所以，隨著這個新的解釋，量子理論的原理現在終於可以表達出來了。底下是一個（非常簡化的）量子力學基礎摘要：

1. 從波函數 $\Psi(x)$ 開始，該函數描述了一個位於點 x 的電子。
2. 將該波函數代入薛丁格方程式 $H\Psi(x)=I(\hbar/2\pi)\partial_t\Psi(x)$。（H 相當於系統的能量，稱為哈密頓量〔Hamiltonian〕。）
3. 這個方程式的每個解都用一個指標 n 標記，因此一般來說，$\Psi(x)$ 是所有這些多重狀態的總和或疊加。
4. 當進行測量時，波函數「坍縮」，只剩下一個狀態 $\Psi(x)_n$，即所有其他波都被設定為零。找到該狀態下電子的概率由 $\Psi(x)_n$ 的絕對值給定。

這些簡單的規則原則上就可以推導出所有已知的化學和生物學相關知識。量子力學的爭議之處在於第三和第四點。第三點指出，在次原子世界中，電子可以同時存在於不同狀態的總和之中，而就牛頓力學這是不可能的。事實上，在進行測量之前，電子存在於這個虛幻世界當中，成為不同狀態的集合。

不過最關鍵和最駭人的陳述是第四點，它認定唯有在進行測量之後，波函數才會終於「坍縮」並產生出正確的答案，提出找到處於該狀態之電子的概率。在進行測量之前，我們是無法得知電子處於哪種狀態的。

這就稱為測量問題。

為了反駁這最後一則陳述，愛因斯坦後來便說：「上帝不和宇宙玩骰子。」但根據傳言，玻耳回應道：「別告訴上帝該怎麼做。」

正是這第三和第四則假設讓量子電腦有可能實現。電子現在被描述為不同量子態的同時總和，這賦予量子電腦它們具備的計算能力。經典計算機只在 0 和 1 之間求和，而量子電腦則是在 0 和 1 之間對所有量子態 $\Psi_n(x)$ 求和，這大幅增加了狀態數量，於是也增加了它們的範圍和能力。

諷刺的是，當初提出方程式並啟動這整個量子力學風潮的薛丁格，到頭來卻開始譴責他自己理論的這個版本。他後悔自己與之有任何牽連。他認為一個可以表明這種基進詮釋之荒謬性的簡單悖論，就能徹底摧毀它，這個悖論的起點是一隻貓。

薛丁格的貓

薛丁格的貓是整個物理學當中最著名的動物。薛丁格相信，牠可以一勞永逸地摧毀這個異端。想像一下，他寫道，有一隻貓在一個密封的箱子裡，箱子裡有一瓶毒氣。這個瓶子連接著一把錘子，錘子又連接著一個蓋革計數器，計數器旁邊有一塊鈾。如果鈾的一顆原子衰變了，它就會啟動蓋革計數器，從而觸發錘子，於是就會釋出毒氣並殺死貓。

圖 3　薛丁格的貓

在量子力學，要描述一隻在密封箱子裡面的貓，箱子裡有一瓶毒氣和一把由蓋革計數器觸動的錘子，我們必須將死貓的波函數和活貓的波函數相加起來。在你打開箱子之前，貓既不是死的也不是活的。貓處於兩種狀態的疊加當中。即使到了今天，物理學家依然在爭執，貓如何能夠同時又死又活。

現在，這是個困擾了世界頂尖物理學家近一個世紀的問題：在你打開箱子之前，貓是死的還是活的？

牛頓派的人會說答案很明顯：常識告訴我們，貓要麼是死的，要麼就是活的，但不能又死又活。你一次只能處於一種狀態。即使在你打開箱子之前，貓的命運已經預先決定了。

不過就此埃爾溫和玻耳有完全不同的詮釋。

他們說，貓最好是以兩個波的總和來表示：活貓的波和死貓的波。當箱子依然密封之時，貓只能以同時代表死貓和活貓的兩個波的疊加或總和樣式呈現出來。

但是，貓是死的還是活的呢？只要箱子是密封的，這個問題就沒有意義。在微觀世界中，事物並不存在於確定的狀態中，而是只存在於所有可能狀態的總和。最後，當箱子開啟，你觀察貓時，波函數奇蹟般地坍縮，顯示出貓是死的或活的，但不會是又死又活。因此，測量步驟連接了微觀世界和宏觀世界。

這當中蘊含了深遠的哲學意涵。科學家歷經許多世紀來反駁所謂的唯我論，也就是像喬治・柏克萊（George Berkeley）這樣的哲學家所提信念，認為除非你著眼觀察，否則物體並不真正存在。這種哲學可以總結為「生存即被感知」。如果一棵樹在森林裡倒了下來，但沒有人在那裡聽見，那麼或許那棵樹根本沒有倒下。就這種觀點，現實是一種人類的構建。或者如同詩人約翰・濟慈（John Keats）所說：「任何事物唯有經歷過後才變得真實。」

然而，量子理論卻讓這種情況變得更糟。就量子理論而言，你看一棵樹之前，它可以存在於所有可能的狀態中，好比柴火、木材、灰燼、牙籤、一棟房子或鋸屑。然而，當你真正看到這棵樹時，所有代表這些狀態的波就奇蹟般地坍縮成一件物體，也就是普通的樹。

然而由於觀察者必須具備意識，這就意味著就某種意義上，意識決定了存在。牛頓的追隨者駭然發現，唯我論正回頭逐漸滲入物理學。

愛因斯坦討厭這個觀點。就像牛頓，愛因斯坦也相信「客觀現實」，這意味著物體存在於明確、界定良好的狀態中，也就是說，你不可能同時存在於兩處地方。而這也稱為牛頓決定論，如同我們之前所見，這項觀點認為，你可以運用基本物理定律來精確地判定未來。

愛因斯坦經常嘲笑量子理論。每當客人拜訪他的住家時，他總會讓他們看看月亮。他會問，月亮存在是因為一隻老鼠看著它嗎？

微觀世界與宏觀世界的對比

幫助發展出量子理論物理學的數學家約翰・馮諾伊曼（John von Neumann）認為，有一堵看不見的「牆」，將微觀世界和宏觀世界區隔開來。兩個世界各自遵循不同的物理定律，但你可以證明你能夠自由地來回移動這堵牆，而且任何實驗的結果都會保持不變。換句話說，微觀世界和宏觀世界遵循兩套不同的物理定律，但這並不影響測量，因為你選擇在哪處明確位置分隔微觀和宏觀世界並不重要。

當旁人請他澄清這堵牆的涵義時，他就會說：「你會習慣它的。」

但不論量子理論看起來是多麼瘋狂，它的實驗成功是無可辯駁的。它的許多預測（當進行號稱「量子電動力學」的研究，預測電子和光子的性質時）與數據的吻合度極高，誤差不到百億分之一，成為有史以來最成功的理論。一度是宇宙中最神祕物體的原子，突然之間開始披露出它的最深層祕密。採信量子理論的下一代物理學家獲頒大量諾貝爾獎。沒有任何一項實驗違背量子理論。

宇宙無疑是個量子宇宙。

但愛因斯坦總結量子理論的成功時說：「量子理論愈成功，它看起來就愈荒謬。」

量子力學的批評者最反對的是這種在我們生活的宏觀世界與怪異的荒誕量子世界之間的人為劃分。批評者認為，從微觀世界到宏觀世界應該有種平滑的連續性。實際上並沒有「牆」。

例如，倘若我們能夠根據假設生活在完全量子的世界裡面，這就意味著我們依常識所知的一切全都是錯的。例如：

- 我們可以同時出現在兩個地方。
- 我們可以消失然後在別處重新出現。
- 我們可以輕鬆徒步穿牆並穿透障礙物，這稱為穿隧現象（tunneling）。

- 在我們這個宇宙中已經死去的人，在另一個宇宙中有可能還活著。
- 當我們穿過一個房間，我們實際上是同時走過了所有無限多條可能的路徑，不論那是多麼古怪。

正如玻耳所說:「任何不對量子理論感到震撼的人，都不了解它。」

所有這些都是《陰陽魔界》的素材。但不可思議的是，這正是電子所做的事情，只不過它們主要都在原子內部做這些事，讓我們看不到它們的這些舉措。這就是為什麼我們有雷射、電晶體、數位電腦和網際網路。倘若牛頓能夠看到電子表現出這所有原子迴旋動態，並讓電腦和網際網路得以成真，他會非常震驚。但是，如果我們對量子理論發出禁令，並將普朗克常數設為零，現代世界就會崩潰。你客廳裡的所有不可思議的電子設備，正是由於電子能夠表現這些奇妙的伎倆才可能成真。

但我們在生活中從未見過這些效應，因為我們是由兆億又兆億顆原子所組成，這類量子效應彼此抵銷，也因為這些量子波動的大小是普朗克常數 h，而這是個非常小的數值。

纏結

1930 年，愛因斯坦已經受夠了。在布魯塞爾的第六屆索爾維會議（Solvay Conference）上，愛因斯坦決定正面挑戰量子力學的主要支持者玻耳。這是一場巨人對決，當代最偉大的物理學家論戰爭辯物理學的命運和現實的本質。這攸關存在的意義本身。後來物理學家保羅・埃倫費斯特（Paul Ehrenfest）寫道：「我永遠不會忘記兩位對手離開大學俱樂部的情景。愛因斯坦展露威嚴神色，帶著淡淡的諷刺微笑從容地行走，而玻耳則跟在他身旁快步疾走，沮喪之極。」[3] 接著，在嚴重震撼之下，只見玻耳喃喃自語：「愛因斯坦……愛因斯坦……愛因斯坦……」

物理學家約翰・惠勒（John Archibald Wheeler）回顧表示：「這是我所知最偉大的學術思想史辯論。30 年來，我從未聽過更偉大的人投入更長久時期，針對更深奧議題進行論戰，並就我們對這個奇異世界的認識產生了更深遠的影響。」[4]

愛因斯坦一次又一次地向玻耳拋出量子理論悖論震撼彈，轟擊毫不留情。玻耳每次遭逢這連珠炮轟都會一時心神恍惚，但第二天他總能收拾思緒，提出無懈可擊的有力回應。有一次，愛因斯坦在光和重力的另一項悖論中令玻耳措手不及。看起來玻耳終於被逼入絕境了。但諷刺的是，玻耳卻有辦法引用愛因斯坦自己的重力論來找出愛因斯坦的推理漏洞。

大多數物理學家的裁決是，在著名的索爾維會議上，玻耳成功地反駁了愛因斯坦提出的每一項論點。但愛因斯坦，或許因為這次挫敗而感到不快，後來仍會嘗試再次顛覆量子理論。

五年過後，愛因斯坦發起他的最後反擊。他和學生鮑里斯・波多爾斯基（Boris Podolsky）以及納森・羅森（Nathan Rosen）聯手展開最後的勇猛嘗試，希望能徹底擊碎量子理論。這篇論文號稱 EPR，以三位作者的姓氏首字母命名，將成為對量子理論的最後一擊。

這場決定命運的挑戰，造就了一項不可預見的副作用，那就是量子電腦。

想像，他們說，兩顆電子彼此相干，意思是它們以同步振動，亦即頻率相同但相位恆定偏移。眾所周知，電子具有自旋（這就是為什麼我們有磁體）。若是我們有自旋總和為零的兩顆電子，並且讓一顆電子採（好比）順時針自旋，那麼由於淨自旋為零，則另一顆電子就是採逆時針自旋。

現在把這兩顆電子分開。兩顆電子的自旋之和必須依然為零，就算其中一顆電子現在是位於銀河的另一邊。但除非做個測量，否則你是不能知道它是如何旋轉的。然而奇怪的是，如果你測量一顆電子的自旋並發現它是順時針自旋，那麼你立刻就會知道它在銀河另一邊的夥伴，必定是逆時針自旋。這筆資訊會在兩顆電子之間以超光速瞬間傳遞。換句話說，當你把這兩顆電子隔開，它們之間就會出現一條看不見的臍帶，於是通信就能沿著它以超光速傳遞。

然而愛因斯坦宣稱，既然沒有任何東西能以超光速運行，這就違反了狹義相對論，因此量子力學是錯誤的。愛因斯坦認為，這就是推

圖 4　纏結

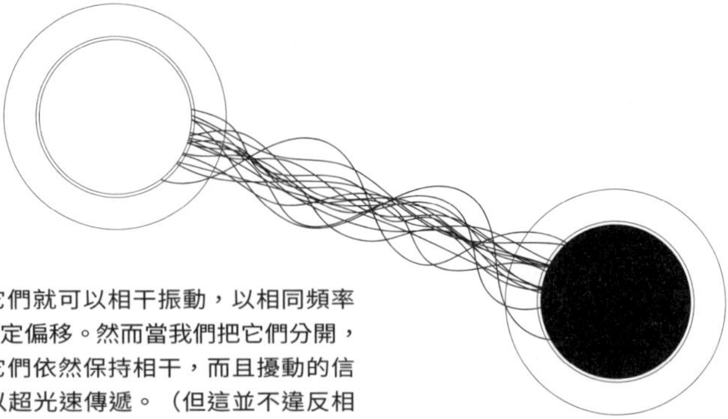

當兩顆原子相鄰，它們就可以相干振動，以相同頻率同步進行，但相位恆定偏移。然而當我們把它們分開，並晃動其中一顆，它們依然保持相干，而且擾動的信息可以在它們之間以超光速傳遞。（但這並不違反相對論，因為突破光速障壁的資訊是隨機的。）這就是量子電腦這麼強大的原因之一，因為它們可以同時計算所有這些混合狀態。

翻量子論的殺手級論據。他就此結案，並聲稱，纏結創造出的這種「詭異超距作用」只是種幻覺。

愛因斯坦認為他提出了致命一擊，這會徹底粉碎量子理論。然而儘管量子理論有這麼多的實驗成功案例，所謂的 EPR 悖論歷經數十年依然未能得解，因為在實驗室中進行這類實驗太過困難。然而，隨著時間的推移，這項實驗終於在 1949、1975 和 1980 年分別以多種方式完成，而且每次都驗證了量子理論是正確的。

（但這是否就表示，資訊能夠違反狹義相對論並以超光速傳遞？在這裡，愛因斯坦依然占了上風。不會的，雖然在兩顆電子之間傳遞的資訊是瞬間傳達，然而那也是隨機的資訊，因此是無用的。這就意味著你無法使用 EPR 實驗以超光速傳遞包含信息的有用編碼。若是你實際分析 EPR 信號，你只會發現亂碼。所以，資訊可以在相干粒子之間瞬間傳遞，但攜帶信息的有用資訊是無法超越光速的。）

如今，這項原理稱為纏結，意思是當兩個物件相干（以相同方式振動）時，即使被分開浩渺距離，它們依然保持相干。

這對量子電腦具有重大的蘊含。這就意味著，就算量子電腦的量子位元分開了，它們依然可以互相作用，這就是量子電腦擁有驚人計算能力的原因。

這就道出了量子電腦為什麼這麼獨特又有用的要素。普通數位電腦在某種意義上就像是在一間辦公室內獨立辛勤工作的幾位會計師，各自分別做一項計算，然後將結果傳遞給另一個人。而量子電腦則像是一個充滿互動會計師的房間，每個人同時計算，然後重點在於，藉由纏結相互交流。因此，我們說他們以相干方式共同解決這道問題。

戰爭的悲劇

不幸的是，這場充滿活力的學術辯論，卻被世界大戰洶湧浪濤打斷了。突然之間，關於量子理論的學術討論都變得嚴重至極，因為納粹德國和美國都施行了發展原子彈的緊急計畫。第二次世界大戰就要對物理學界釀成毀滅性後果。

普朗克目睹了德國猶太裔物理學家大規模遷移，於是親自晉見希特勒，懇求他停止迫害猶太裔物理學家，因為這種行為正在摧毀德國的物理學。然而，希特勒對普朗克大發雷霆並咆哮斥責他。

事後，普朗克說：「跟這種人你沒辦法講道理。」令人哀傷的是，普朗克的兒子埃爾溫後來參與了一場暗殺希特勒的密謀。他被抓住並遭受拷打。普朗克直接向希特勒求情設法拯救兒子的性命。結果埃爾溫仍在 1945 年遭處決。

納粹黨懸賞要愛因斯坦項上人頭。他的照片被刊登在納粹雜誌的封面上，標題是「尚未問絞」。他在 1933 年逃離德國，再也沒有回去過。

薛丁格曾在柏林街頭目睹一名猶太男子遭納粹毆打，試圖制止時自己也被親衛隊打傷。他大受震驚，動身離開德國並接受了牛津大學的職位邀約。不過由於他帶著妻子和情婦上任，在那裡掀起了爭端。隨後他獲邀到普林斯頓大學任職，但歷史學家推測，他由於非正統的生活安排而拒絕了。最終他前往愛爾蘭。

玻耳，量子力學的創始人之一，為求保命不得不逃往美國，還險些在逃離歐洲途中喪命。

海森堡或許是德國最偉大的量子物理學家，他獲委派重任，負責為納粹開發原子彈。然而，他的實驗室因為遭到盟軍的轟炸而不得不多次遷移。戰後，他被盟軍逮捕。（幸虧海森堡不知道一個關鍵數字——鈾原子分裂的發生概率，所以他在製造原子彈方面遇到了困難，納粹從未發展出核武器。）

戰爭慘禍餘波中，人們開始意識到量子的浩大力量，在廣島和長崎上空釋放出來。突然之間，量子力學不再只是物理學家的玩物，而是能夠披露宇宙祕密並左右人類命運的事項。

但是從戰爭的廢墟中，一種新的量子發明出現在地平線上，它就要改變現代文明的根本結構：電晶體。或許原子的巨大力量可以用來造就和平。

第四章

量子電腦的黎明

電晶體是個悖論。

一般而言，發明的規模愈大，威力就愈強。巨大的雙層噴射客機可以在幾小時內載著大量乘客環遊半個世界。如今的火箭是種高聳入雲的發明，能夠把許多噸重的有效荷載送往火星。周長 27 公里的大型強子對撞機耗資超過一百億美元，或許有一天就會披露大霹靂的奧祕。它的周長十分巨大，日內瓦市的大部分城區都能擺進那台機器的界線範圍之內。

然而，儘管電晶體有可能是 20 世紀最重要的發明，尺寸卻是小得可以把好幾十億個塞進你的指甲表面。毫不誇張地說，它已經徹底改變了人類社會的每個層面。

因此，有時候小巧才比較好。例如，頂在你肩膀上的是已知宇宙中最複雜的事物，人腦。由一千億個神經元組成，每個神經元都與約一萬個其他神經元相連，人腦的複雜程度超過科學所知的任何事物。

所以，不論是由數十億個電晶體組成的微晶片，或者是人腦，都可以捧在你的手中，然而它們卻是我們所知的最複雜物體。

為什麼會這樣呢？它們無比細小的尺寸隱藏了一個事實，你可以在它們內部儲存和操作大量資訊。此外，這些資訊的儲存方式就類似於圖靈機，從而賦予了它們強悍的計算能力。微晶片是數位電腦的核心，而且輸入帶長度是有限的（儘管理論上圖靈機可以擁有無限長度的輸入帶）。而腦子則是一種學習機器或神經網絡，隨著新知識的學習不斷自我修改。圖靈機是可以修改的，於是它也能像神經網絡一樣學習。

但是，若說電晶體的強大是來自於其微小尺寸，那麼下一道問題就是：你可以把電腦做得多小？最小的電晶體是多小呢？

電晶體的誕生

1956年，三位物理學家獲得諾貝爾獎，表彰他們創造出了這種奇妙的裝置，他們是貝爾實驗室的科學家約翰・巴丁（John Bardeen）、華特・布拉頓（Walter Brattain）和威廉・肖克利（William Shockley）。今天，世界上第一顆電晶體的複製品現正展示於華盛頓史密森尼博物館（Smithsonian Museum）的一個玻璃櫃中。那是個看來很粗糙的簡陋裝置，但來自世界各地的科學家代表團，都帶著肅穆神情敬謹接近這顆電晶體，有些人甚至在它面前鞠躬，彷彿它是某種神明。巴丁、布拉頓和肖克利用上了一種新的量子物質，稱為半導體。（金屬是導體，允許電子自由流動。絕緣體如玻璃、塑料或橡膠則不導電。半導體介於兩者之間，既能載流也能制止電子流動。）

電晶體利用這一關鍵特性。它是舊真空管的繼承者，那種裝置曾由圖靈等人巧妙運用。如同我們所見，真空管和電晶體都可以大致比擬為控制管道中水流的閥門。藉由一個小水閥，你可以控制通過管道的遠更大量的水流。你也可以把它關閉，這就對應於零，或保持開啟，這就對應於一。如此一來，你就可以精確控制複雜管道系統中的水流。現在，若是你以電晶體來替代水閥，以導電電線來替代水管，那麼你就可以創造出一台數位式電晶體化電腦。

雖然電晶體與真空管在某些方面相似，但相似僅止於此。真空管以其簡陋和容易故障著稱。（記得小時候我曾經拆開我的舊電視機，親手取下所有的管子，然後在超市裡面費力地逐一測試，看是哪一顆燒壞了。）它們很笨重、不可靠，並且會很快耗損。

就另一方面，由細薄的矽晶圓製成的電晶體就可能很堅固、便宜又很微小。它們可以像今天製造 T 卹衫那樣地大規模生產。

T 卹衫通常是使用塑膠模板來製造，模板上有你想要的圖像並在塑膠上切割出來。把模板覆蓋在T卹衫上，然後以噴罐在模板上噴灑。當你移開模板，圖像就被轉移到T卹衫上。

電晶體的製造方式雷同。首先，你從一個刻了所需電路圖像的模板開始。接著你將模板覆蓋在矽晶圓上。隨後你用紫外線束照射模板，使模板上的圖像轉移到矽晶圓上。然後你移開模板，添入酸。矽晶片接受了特殊化學處理，這樣當你施用酸時，它就會在晶圓上蝕刻出你想要的圖像。

這種方法的優勢在於，這些圖像可以小到紫外線波長等級，比一顆原子稍大一些。這就表示一個典型的電腦芯片能有十億顆電晶體。如今，電晶體的生產是筆大生意，影響整個國家的經濟。生產電晶體的最先進工廠，每座耗資幾十億美元。

就某種意義上，一個微晶片可以比擬為大都市的道路系統。不間斷的車流就像電子沿著蝕刻的電路行駛。調節交通流量的交通信號就對應於電晶體。止住交通的紅燈就像0，允許交通車流的綠燈就像1。

當我們在一個晶片上蝕刻出愈來愈多電晶體，這就彷彿我們把城市的每個街區縮小，來提增汽車和交通信號燈的數量。然而在一個給定區域內能塞進多少道路是有限制的。最終，街區會變得十分纖小，導致汽車溢出到人行道上。這就相當於當層層矽晶變得太薄時所造成的短路。

當矽晶元件的寬度接近原子的大小時，海森堡不確定性原理就開始起作用，電子的位置變得不確定，導致它們洩漏並引發短路。此外，這麼多電晶體塞在一處地方產生的熱量也足以讓它融化。

換句話說，萬事皆有終，包括矽時代。新的時代有可能正綻放曙光：量子時代。

而 20 世紀最著名的物理學家之一則為這個新時代鋪平了道路。

行動派天才

費曼是獨一無二的。世上大概再不會有像他這樣的物理學家了。

就一方面，費曼是個很有魅力、很會作秀的人，喜歡用他的過往荒誕故事和瘋狂行徑來取悅觀眾。他講述自己生活中的精彩故事時，那種粗獷的口音聽起來就像個卡車司機。

他以擅長撬鎖和破解保險箱深感自豪，甚至在洛斯阿拉莫斯（Los Alamos）工作期間成功打開了存有原子彈祕密的保險箱（並在開鎖時觸發了震耳警報聲響）。他對古怪的新體驗始終很感興趣，有一次他把自己封在高壓艙中，想看自己能不能離體並從遠處看自己飄浮。他還喜歡敲奏他的邦哥鼓，而且是無論何時，不分晝夜。

聽他講話時，你幾乎會忘記他曾在 1965 年榮獲諾貝爾物理學獎，而且他也或許是那個世代最偉大的物理學家之一，為電子與光子互動的相對性理論奠定了複雜的基礎。這項理論號稱量子電動力學或簡稱 QED，其精度達到百億分之一；在所有已完成的種種量子測量當中，這是最成功的。其他物理學家會凝神專注聽取他的每一句話，希望洞徹理解或許也能為他們帶來名聲和榮耀的高見。

奈米技術的誕生

最重要的是，費曼是一位有遠見的人。

費曼意識到，電腦正變得愈來愈小。因此，他問自己一個簡單的問題：你可以把電腦製造得多小？

他意識到，在未來，電晶體會變得十分細小，最後就會縮小到原子尺寸。事實上，他推測，物理學的下一個前沿，有可能就是創造出小得像原子的機器，開創出現在稱為奈米技術的新興領域。

量子力學對於原子般大小的鉗子、錘子和扳手有什麼限制？對於以原子般尺寸的電晶體來計算的電腦的最終限制是什麼？

他意識到，在原子國度是有可能出現奇妙的新發明。我們在宏觀尺度上使用的現有物理定律在原子尺度上會被淘汰，我們必須敞開心胸，面對全新的可能性。他的想法最早是在1959年對美國物理學會的一次演說時傳達出來，地點在加州理工學院，講題為〈底層有大量空間〉，預期一門新科學就要誕生。

他在那篇開創性文章中問道：「為什麼我們不能在針尖上寫下整整二十四冊的百科全書呢？」

他的基本想法很簡單：創造出能夠「依循我們心意來排列原子」

的微小機器。我們在工坊中使用的任何工具，都會被微型化到基本粒子的大小。大自然隨時都在操作原子。那我們為什麼不能？

他總結自己對量子電腦的想法，並表示：「自然不是古典的，該死，如果你想要模擬自然，最好是把它做成量子力學樣式。」

這是個深刻的見識。古典數位電腦，無論威力多麼強大，永遠無法成功模擬量子歷程。（IBM 副總裁蘇特喜歡做如下比較：要想運用古典電腦進行一對一模擬重建，例如咖啡因這般簡單的分子，就需要 10^{48} 位的資訊。這個巨大的數字相當於地球上所有原子數量的百分之十。因此，古典電腦連簡單的分子都無法成功模擬。）

在他那篇文章中，費曼導入了好幾項令人驚訝的想法。他提出了一種微小到可以在血流中漂蕩並照料醫療問題的機器人。費曼稱之為「吞服醫生」。它會像白血球那樣發揮作用，在體內漫遊，尋找細菌和病毒並予摧毀。它還會邊在你的體內循環同時邊動手術。因此，醫學會從身體內部實踐，而不是從外部。你再也不需要割開皮膚，也不必擔心疼痛和感染，因為手術會在體內完成。

他的遠見猶如先知，甚至宣稱有一天很可能發明出一款超級顯微鏡，可以「看見」原子。（事實上，在他提出那項預測之後幾十年，這項發明就在 1981 年實現了，那是款「掃描穿隧顯微鏡」。）

他的遠見出奇驚人，導致他所講內容在往後數十年間大半遭人忽略。這是件令人遺憾的事，因為他遠遠超越了他的時代。時至今日，他的許多預言都已經應驗。

他甚至還懸賞一筆一千美元獎金，來表揚能夠發明以下兩件事之一的任何人：第一項挑戰是將書本的一頁篇幅微小化，好讓內容只能以電子顯微鏡才看得到。第二筆一千美元的獎項是要創造出一款電動馬達，要能擺進 1/64 英寸的立方體中。（後來有兩位發明家拿到了這兩個獎項，儘管他們並沒有完全滿足比賽的明確要件。）

他的另一項預言在石墨烯這樣的奈米材料發現之後已經有可能實現，石墨烯是以一層厚度只相當於一顆原子的碳薄片所組成。石墨烯是由安德烈・蓋姆（Andre Geim）和康斯坦丁・諾沃肖洛夫（Konstantin Novoselov）這兩位俄羅斯科學家發現的，當時他們是在英格蘭曼徹斯特（Manchester）工作，並注意到膠帶可以剝起石墨的一層薄片。他們反覆進行這個剝撕過程，最後發現他們可以剝撕出一層厚度只相當於一顆碳原子的碳薄片。他們以這項簡單但重大的突破，獲頒 2010 年諾貝爾獎。由於碳原子緊密列置於一種對稱布局當中，石墨烯是科學界已知的最強材料，比鑽石還要堅固。石墨烯薄片堅固之極，如果你把一頭大象穩穩安置在鉛筆的一端，再將鉛筆放在薄片石墨烯上，薄片也不會撕裂。

少量的石墨烯易於製造，但大規模生產純淨的石墨烯就極其困難。不過原則上，純石墨烯的強度高得可以營造出細薄得幾乎看不見的摩天大樓或橋梁。以一根石墨烯長纖維的強度，或許就能支撐一部太空電梯，就像通天電梯那樣一按鈕就能載著你上太空。（太空電梯會懸掛在一根石墨烯纜繩上，就像把圓球繫在繩端旋轉一樣，因為它順應地球自轉環繞地球旋轉所以永遠不會掉落。）此外，石墨烯還能導電。事實上，世界上最小的電晶體有些是可以用微量石墨烯製造出來的。

費曼也意識到量子電腦有可能帶來的大規模進步，這種電腦會擁有龐大的計算能力。前面我們看到，只需在量子電腦中再增添一個量子位元，它的計算能力就會倍增。因此，一台由三百顆原子構成的量子電腦，計算能力會是只具有一個量子位元的量子電腦的 2^{300} 倍。

費曼的路徑積分（Path Integral）

費曼另有一項成就也會改變物理學的進程。他會找出一種驚人的新方法來重新構建整套量子力學理論。

這一切都從他讀高中的時期開始。他熱愛計算和解謎。他的一項特點是能夠以多種不同方式快速計算出謎題的答案。倘若他在某個方向遇上了關卡，他懂得能從另一個角度運用數學技巧來解決問題。他說過一句名言，談到每個物理學家的目標「都是要儘快證明自己是錯的」。換句話說，嚥下你的驕傲，承認你所做的有可能是一條死路，並儘快證明這點，如此你就可以繼續處理下一個想法。

（身為研究物理學家，我還真的經常思考這句話。在某些時候，物理學家可能不得不承認他們的某個想法是錯誤的，並且應該很快改嘗試一種新的方法。）

由於年輕的費曼在科學方面總是領先他的同學，他的高中老師想出一些巧妙的方法讓他保持興趣，免得他感到無聊。老師會用一些有趣但深刻的物理課題來挑戰他。

有一天，老師向他介紹了一個叫做最小作用量原理（principle of least action）的東西，這項原理允許對所有古典物理學進行徹底的重新解釋。老師指出，倘若一顆球從山上滾落，它會有無數種可能的滾動方式，但實際上它只會採行一條路徑。它怎麼知道該走哪條路呢？

三百年前，牛頓解決了這道問題。他會說：計算在某一瞬間作用在球上的力，然後用他的方程式來判定它在下一個瞬間會往哪裡去。接著重複這個程序。只要將這所有連續的剎那瞬間縫合在一起，一微秒接著一微秒，就可以描繪出它的整段路徑。即便到了今天，三百年後，物理學家依然使用這種方法來預測恆星、行星、火箭、炮彈和棒球的運動。這是牛頓物理學的基本原理。幾乎所有的古典物理學都是這樣做的。而這種將所有增量運動累加起來的數學方法便稱為微積分，同樣是牛頓發明的。

但是接著老師介紹了一種怪誕的觀點來看待這個問題。他說，畫出球可能採取的所有路徑，不管它們多麼奇怪。其中一些路徑可能荒誕無稽，好比旅行前往月球或火星。有些路徑甚至可能通往宇宙的盡頭。對於每一條路徑，計算所謂的作用量（action）。（作用量就類似於系統的能量，等於動能減去勢能。）然後，球的路徑就會是作用量最小的那一條。換句話說，那顆球基於某種因素「嗅聞」出所有的可能路徑，甚至是瘋狂的路徑，然後「決定」採行作用量最小的那條路徑。

當你做數學計算時，得到的答案與牛頓的完全相同。費曼感到很驚奇。在這個簡單的示範中，可以不使用複雜的微分方程來概括全套牛頓物理學——你所要做的就是找到作用量最小的路徑。這讓費曼非常高興，因為他現在有了兩種等效的方法來解決所有的古典力學問題。

換句話說，在舊有牛頓圖像中，一顆球的路徑只由作用在該空間和時間點的力來決定。遠處的點完全不會影響那顆球。但是在這個新的圖景中，球突然「察覺」了它可能採行的所有路徑，並且「決定」選擇作用量最小的那條。球如何能夠「知道」分析這數十億條路徑並選擇出正確的那一條呢？

（例如，為什麼一顆球會掉到地板上？牛頓會說，因為有重力作用在球上，施力將球一微秒一微秒地推向地面。另一種解釋是，球會以某種方式嗅聞出所有可能的路徑，然後決定採行作用量或耗能最小的路徑，也就是直線向下。）

多年之後，當費曼進行他獲得諾貝爾獎的研究工作時，他就會回頭採行高中時期的這種方法。最小作用量原理適用於古典牛頓物理學，為什麼不將這種奇特的結果類推到量子理論呢？

量子路徑求和

他意識到，這在量子電腦中運用會產生巨大的計算能力。想像一下迷宮。如果把一隻古典的老鼠擺進迷宮，牠會不厭其煩地逐一試探多條可能的路徑，這會極端緩慢。然而倘若你把一隻量子老鼠擺進迷宮，牠就會同時嗅聞出所有可能的路徑。把這項原理應用在量子電腦上，它的計算能力就會呈指數提增。

因此，費曼以最小作用量原理改寫了量子理論。依循這種觀點，

圖 5　路徑求和

一隻老鼠進了古典迷宮，每遇上了轉折點時，牠都必須逐一決定該轉往哪個方向。不過若是一隻量子老鼠進了迷宮，就某種意義上，牠就可以同時分析所有的可能路徑。這就是為什麼量子電腦的威力能以指數級勝過普通古典電腦的原因之一。

次原子粒子「嗅聞出」所有可能的路徑。在每條路徑上，他都加入了一個與作用量和普朗克常數相關的因子。然後他對所有可能的路徑進行求和或積分。如今這就號稱路徑積分法，因為你這是把一個物體可以採行的所有路徑的貢獻加總起來。

結果讓他大吃一驚，他發現自己能夠推導出薛丁格方程式。事實上，他發現自己能夠用這個簡單的原理來歸結出整個量子物理學。因此，在薛丁格用魔法導入了他的波動方程式幾十年過後，不借助推導，費曼就能使用這種路徑積分法來統一整個量子力學，包括薛丁格方程式。

當我向物理學博士生教授量子力學時，通常我會先介紹薛丁格方程式，彷彿它完全就是憑空出現，就像從魔術師的帽子裡變出來的。當學生問我這個方程式是從哪裡來的時候，我只聳聳肩並說，這個方程式就是這樣。但在課程的後期，當我們終於討論到路徑積分時，我就向學生解釋，整個量子理論都可以用費曼路徑積分重新表述，藉由對所有可能路徑的作用量加總求和，不論它們是多麼瘋狂。

我不只是在專業工作中使用費曼路徑積分，在家裡走過房間的時候偶爾我也想到它們。當我走在地毯上時，心中知道有許多和我一樣的副本也在這同一張地毯上走動，不禁湧現一種奇怪的、詭異的感覺，然而那每個副本都認為自己是唯一走過房間的人。有些副本甚至去了火星又回來了。

身為一名物理學家，我鑽研的是薛丁格方程式的相對性版本，稱為量子場論，也就是高能量次原子粒子的量子理論。當我使用量子場論做計算時，首先第一件事情就是遵照費曼的做法，從作用量開始。接著我計算所有的可能路徑，得出了運動方程式。於是費曼的路徑積分法在某種意義上「吞併」了整個量子場論。

但這種形式規範不僅只是種技巧；它對地球上的生命也有一些深遠的影響。我們早先看到量子電腦必須保持在接近絕對零度的溫度。但大自然卻能夠在室溫下進行奇妙的量子反應（例如光合作用和用於生成肥料的固氮作用）。在古典物理學條件下，室溫狀況下的原子會有很多噪音和激烈擾動，許多化學程序在這種情況下應該是不可能出現的。換句話說，光合作用違反了牛頓定律。

那麼大自然是如何解決了「去相干」這個量子電腦的最困難問題之一，從而得以在室溫下進行光合作用呢？

量子電腦把所有的路徑加總求和。如同費曼所表明，電子可以「嗅聞」出所有可能的路徑來完成它們不可思議的工作。換句話說，光合作用，乃至生命本身，可能就是費曼路徑積分法的副產品。

量子圖靈機

1981 年，費曼強調只有量子電腦才能真正模擬量子歷程。然而費曼並沒有詳細說明該如何製造出量子電腦。下一位接過這把火炬的是牛津大學的戴維 • 多伊奇（David Deutsch）。除了其他成就之外，他還解答了這道問題：你能不能將量子力學應用於圖靈機？費曼隱約提過這道問題，卻從未寫下量子圖靈機的方程式。多伊奇進一步補充了所有細節。甚至他還設計了一種可以在這種假想的量子圖靈機上運作的演算法。

如同我們所見，圖靈機是種簡單的古典裝置，它以一具處理器為基礎，將無限長的資料帶上的數字轉換為另一個數字，從而得以執行一系列數學運算。圖靈機之美在於它總結了數位電腦的所有屬性，納入一種簡單、緊湊的形式，接著數學家就可以對它進行嚴謹的研究。下一步是將量子理論添加到圖靈的發明當中，而這就讓科學家得以細密研究量子電腦的奇異屬性。在量子圖靈機中，多伊奇認為，我們必須以量子位元來取代古典位元。這就導入了幾項重大改變。

首先，圖靈機的基本操作（例如將 0 替換為 1 或反向操作，並將資料帶向前或反向移動）大致依然相同。但位元則是徹底改變了。它們不再是 0 或 1。事實上，它們可以利用量子性質中的疊加原理（能夠同時處於兩種不同狀態的能力）來創造出一個量子位元，而且該位元可以設定為 0 與 1 之間的任意數值。還有，由於量子圖靈機中的所有量子位元全都纏結在一起，一個量子位元的處境可以影響到位於遠方的其他量子位元。最後，為了在計算結束時得出一個數字，我們需要「讓波坍縮」，這樣一來量子位元就會重新給我們一組 0 或 1。藉由這種方式，我們就可以從量子電腦提取出實數和答案。

就如圖靈導入圖靈機的精確規則，從而使數位電腦領域變得嚴謹，多伊奇則是協助量子電腦奠定了堅實的基礎。藉由分離出量子位元的操作精髓要義，他幫助讓量子電腦的運作標準化。

平行宇宙

但多伊奇不只是以發展出量子電腦的概念著稱，他還認真看待量子電腦所引發的深刻哲學問題。在量子力學的普通哥本哈根詮釋（Copenhagen interpretation）中，我們必須藉由觀測來最終確認電子的位置。在完成觀測之前，電子是處於多種狀態的模糊混合之中。但當電子的狀態測量完成，波函數就會神奇地「坍縮」成一個實際狀態。這就是我們從量子電腦中提取數值答案的方式。

但是這種「坍縮現象」困擾量子物理學家已經整整一個世紀。這種讓波「坍縮」的歷程看來十分陌生、十分牽強又那麼造作，然而這卻是個關鍵歷程，讓我們能夠離開量子世界，進入我們的宏觀世界。為什麼它在我們決定觀察時即刻「挺身起立」？這是微觀和宏觀世界之間的橋梁，然而這座橋梁卻帶了一個巨大的哲學漏洞。

不過它能發揮作用。沒有人能否認這點。

但有許多科學家感到不安，因為他們知道我們對世界的所有認知，都建立在這不確定的基礎上，就像一片有一天可能被風吹走的流沙。過去幾十年間，已經出現了許多澄清這道問題的提案。其中最駭人聽聞的提案，或許就是由研究生休・艾弗雷特（Hugh Everett）在1956年提出的那則。我們記得，量子理論大致可以概括為四項廣泛的原則。最後一項是個關鍵癥結，我們在這裡「坍縮」波函數來判定系統所處狀態。艾弗雷特的提議很大膽也很具有爭議：他的理論說明，只須「撤銷最後一句陳述，也就是波會『坍縮』的說法，於是這也就完全不會發生了」。每種可能的解都在自己的現實中繼續存在，產生出許多世界，而這也就成為這個理論的名稱：「多世界」。就像一條河流分支出許多更小的支流，種種不同的電子波快樂地向外傳播，一次又一次地分裂和再分裂，持續不斷地分支出其他宇宙。換句話說，平行宇宙為數無窮，其中沒有一個會坍縮。這個多重宇宙的每一個分支，看起來和其他任何一個都同樣真實，但它們代表了所有可能的量子狀態。

因此微觀世界和宏觀世界都遵循相同的方程組，因為再也沒有坍縮，也沒有將它們區隔開來的「牆」。

例如，想像海浪。從內部看，它實際上是由數千股較小的波浪所組成。哥本哈根詮釋意味著選擇這些較小波浪當中的一股，並把其餘的拋棄。但艾弗雷特詮釋則表明，讓所有的波浪共存。於是波浪就會繼續分支出更小的波浪，接著這些更小的波浪還會分支出更多的波浪。

這個想法非常方便。你永遠不必擔心波浪會「坍縮」，因為它們永遠不會坍縮。因此，這種表述比標準的哥本哈根詮釋還更簡單。它既整潔、優雅，又異常簡單。

多世界

然而，艾弗雷特和多伊奇的理論挑戰了現實的本質。多世界理論顛覆了我們對存在本身的概念，其後果令人震驚。

例如，想想你在人生中必須做出關鍵決定的所有時刻，例如：申請哪份工作、與誰結婚、要不要生孩子。我們有可能在一個懶洋洋的下午，花好幾個小時思考所有可能的情況。多世界理論說明，在一個平行宇宙中住了一個你的副本，過著完全不同的人生故事。在一個宇宙中，你有可能是個億萬富翁，正在思考你的下一趟頭條新聞冒險。在另一個宇宙中，你可能是個貧戶，正在傷腦筋不知道下一餐從哪裡來。或者你可能介於兩者之間，從事一份無聊、乏味的工作，收入微薄但穩定，卻毫無未來。在每個宇宙中，你堅信你的宇宙才是真實的，其他的都是假的。現在，從量子層級來設想這種情況。各個單獨的原子行動都會將我們的宇宙分裂成多個相同的宇宙。

在羅伯特・佛洛斯特（Robert Frost）的〈未行之路〉（The Road Not Taken）詩中，他寫到了每個人在白日夢中都曾想過的事情。我們想知道，當我們在生命中做出關鍵選擇的時候，有可能發生什麼事情。這些重大的決定有可能從此一直影響我們的一生。他寫道：

兩條路在黃林中分岔開來，

無奈我不能同時都走
身為旅者，我久久駐足
看著一條的去向，我極目遠望
只見小路拐進灌叢。

他在詩的結尾得出這樣的結論：他的決定對他的一生產生了史詩般的影響，較少人走的那條路，是個轉捩點。他的結論是：

我會嘆息向人訴說這一切
漫漫歲月之後的某處地點：
兩條路在林中分岔開來，而我——
我選的是少有人跡的那條，
而這就造成了一切差別。

這不只涵蓋了你的生活，也影響了整個世界。在菲利普 ‧ 狄克（Philip K. Dick）的小說改編電視劇《高堡奇人》（*Man in the High Castle*）中，宇宙分裂為兩半。在一個宇宙中，一名刺客試圖暗殺富蘭克林 ‧ 羅斯福（Franklin D. Roosevelt），但他的槍卡住了，羅斯福活了下來，帶領盟軍在第二次世界大戰中取得了勝利。但在另一個宇宙中，那把槍並沒有卡住，總統遇害。一位軟弱的副總統接任，美國戰敗。納粹占領了美國東海岸，而日本皇軍則占領了西海岸。

這兩個截然不同的分歧宇宙之間的區分，僅只是由於一顆子彈是否失靈。但子彈可能因為其化學推進劑的微小瑕疵而失靈，這些瑕疵有可能肇因於爆裂物分子結構中的量子缺陷所引發。因此，一起量子事件有可能讓這兩個宇宙區隔開來。

不幸的是，艾弗雷特的想法基進得超乎尋常，幾十年來都被物理學家普遍漠視。直到最近，物理學家重新發現了他的研究成果，它也才得以捲土重來。[1]

艾弗雷特的多世界

休・艾弗雷特三世生於 1930 年，出身軍人家庭，幼時父母離異，隨後父親曾幫忙養育他。他的父親在二戰期間是總參謀部中校幕僚，戰後奉派駐西德，休也隨之前往。

他小時候就表現出對物理學的興趣。他甚至寫了一封信給愛因斯坦，愛因斯坦也真的回信，並就他所提歷時久遠的哲學問題回覆如下：

> 親愛的休，
>
> 世上沒有所謂的不可抵擋的力量和不可移動的物體。但似乎有一個非常頑強的男孩，他成功克服了為此目的而自行創造出的奇特困境。

順頌時祺，

A. 愛因斯坦

在普林斯頓，艾弗雷特終於投身他的科學興趣，主要集中在兩個領域。首先是科學如何影響軍務，例如：使用博弈論來理解戰事。其次是試圖認識量子力學的悖論。他的博士導師是約翰 · 惠勒，也就是當初指導費曼做博士論文的同一位導師。惠勒是物理學界老將，曾與玻耳和愛因斯坦共事。

量子力學的傳統哥本哈根詮釋說明，波函數會神祕「坍縮」並決定我們所處宏觀世界的狀態，艾弗雷特對這個說法很不滿意。他的解決方案很基進，卻也很簡單又優雅。惠勒馬上體認到他這位學生所做成果的重大意義，不過他也很務實。他知道這個理論會遭到主流學界的嚴厲批判。所以，惠勒曾多次要求艾弗雷特低調闡述他的理論，好讓它看起來不那麼離譜。艾弗雷特完全不想這樣做，但由於他只是個研究生，他遵從並接納這些修改。惠勒有時會嘗試與其他著名物理學家討論他這名學生的理論，但通常都遭到冷遇。

1959 年，惠勒甚至安排艾弗雷特與玻耳本人在哥本哈根會晤。這是惠勒最後一次嘗試為他這位學生的成果爭取認可。但這次會面如同羊入虎口，結果是一場災難。比利時物理學家萊昂 · 羅森菲爾德

（Léon Rosenfeld）當時也在場，他說艾弗雷特「無法形容地〔原文如此〕愚蠢，連量子力學的最簡單事項都無法理解」。[2]

艾弗雷特後來回顧，這次會面是「地獄……從一開始就注定失敗」。即便是惠勒努力嘗試，讓頂尖物理學家公正聽取艾弗雷特的理論，最終也放棄了這項理論，並說它的「包袱太重」。

既然物理學界所有大人物都聯合起來反對他，要想在理論物理學界找到工作幾乎是不可能的了，所以他回頭做軍事研究，並在五角大廈的武器系統評估小組（Weapons Systems Evaluation Group）找到一份工作。從此他就開始對義勇兵導彈、核戰爭和輻射落塵以及博弈論的軍事應用進行最高機密研究。

平行宇宙的重生

與此同時，在他從事核戰爭研究的這段歲月間，他的理念也開始在物理學界慢慢發酵。當物理學家嘗試將量子力學應用於整個宇宙，當創造重力量子理論時，他們遇到了一個問題。

做量子力學論述時，我們從一個波函數入手，以此來描述電子如何能夠同時處於眾多平行狀態。到了最後，觀察者從外部進行測量並使波函數坍縮。但是當我們把這個歷程應用於整個宇宙之時，我們就會遇上一些問題。

愛因斯坦將宇宙設想成某種擴張的球體，我們生活在這個球體的表面。這就稱為大霹靂理論。但如果我們將量子理論應用於整個宇宙，這意味著宇宙也就像電子，必然也處於眾多平行狀態當中。

因此，當你試圖將疊加應用於整個宇宙時，你必然會得出平行宇宙，就像艾弗雷特預測的結果。換句話說，量子力學的起點是電子可以同時處於兩種狀態。當我們將量子力學應用於整個宇宙，這就意味著宇宙必然也同時處於平行狀態，也就是存有平行宇宙。因此，平行宇宙是不可迴避的。

因此，當你嘗試用量子術語來描述整個宇宙時，平行宇宙必然出現。現在我們不再有平行的電子，而是有平行的宇宙。

但這帶來了下一個未解的問題：我們能探訪這些平行宇宙嗎？為什麼我們看不到這無限多的平行宇宙集合，其中一些可能與我們的雷同，而另一些則可能是怪誕、荒謬的？（我常常被問到的一個問題是：這是否就意味著貓王依然活在另一個宇宙中？現代科學說：或許吧。）

你家客廳裡的平行宇宙

諾貝爾獎得主史蒂文・溫伯格（Steven Weinberg）曾有一次向我解釋如何在心裡領會多世界理論，這樣你的腦袋才不會爆炸。他說，想像一下，你靜靜地坐在家中客廳裡，空中充斥來自世界各地的無線電波。原則上，你的客廳裡有來自不同無線電台的數百種信號。但你的收音機只調準了其中一個頻率，只能接收一個電台，因為你已經不再與其他電台的頻率同步。換句話說，你的收音機已經與充斥你客廳的其他無線電波「去相干」了。你的客廳裡充滿了不同的無線電台，但你聽不到它們，因為你沒有調到它們的頻率，或者說，你與它們並不相干。

現在，他告訴我，把無線電波替換成電子和原子的量子波。在你的這處客廳裡有平行宇宙的波，也就是恐龍、外星人、海盜和火山的波。然而你卻再也無法與它們互動，因為你已經與它們「去相干」了。你不再與恐龍的波同步。這些平行宇宙不一定在外太空或另一個維度，它們可能就在你的客廳裡。所以進入平行宇宙是有可能辦到的，但是當你計算發生這種情況的機率時，你就會發現，你必須等待天文數字悠久歲月才能實現。

在我們這個宇宙中已經去世的人，在平行宇宙中說不定依然活得好好的，就在我們的客廳裡。但要與他們互動幾乎是不可能的，因為我們與他們不再相干。所以貓王有可能還活著，但他正在另一個平行宇宙裡高唱他的熱門歌曲。

進入這些平行宇宙的機率幾乎為零。關鍵詞是「幾乎」。在量子力學中，一切都被簡化為機率。例如，對於我們的博士生，有時我們會要他們計算第二天醒來時身在火星上的機率。使用古典物理學，答案是永遠不會，因為我們無法逃脫讓我們牢牢根植在地球上的重力障壁。然而在量子世界裡，你可以計算出你「穿隧」通過重力障壁並在火星上醒來的機率。（實際進行計算時你就會發現，必須等待比宇宙壽命更悠久的歲月才會發生這種情況，所以，最有可能的結果就是，最終你明天仍會在自己的床上醒來。）

多伊奇認真對待這些令人費解的概念。他問道：為什麼量子電腦這麼強大？因為電子同時在平行宇宙中計算。它們藉由纏結來交互作用並彼此干涉，因此能夠迅速超越只在一個宇宙中計算的傳統電腦。

為了驗證這一點，他拿出一個擺在辦公室裡的攜帶式雷射實驗裝置。這件裝置只以一張帶了兩個小孔的紙片組成。他以雷射束射過兩個小孔，並在另一側發現了一幅漂亮的干涉圖案。這是由於波同時通過了兩孔，並在另一側自我干涉，於是生成了一幅干涉圖案。

這一點都不新鮮。

不過現在，他說，逐漸將雷射束的強度減弱到幾乎為零。最後你就不再有一個波前（wave front），而是只有單一光子通過這兩個小孔。但單獨一顆光子怎麼可能同時通過兩個孔呢？

依循尋常哥本哈根詮釋，在你測量光子之前，它實際上是以兩個波的總和形式存在，每個孔對應於一個波。在測量之前，區隔出單一光子並沒有意義。一旦你測量它，你就知道它通過了哪個孔。

艾弗雷特不喜歡這幅寫照，因為這就意味著你永遠無法回答這道問題：在我們測量之前，光子是進入了哪個孔？現在將這點應用於電子。在艾弗雷特的多世界理論中，電子是個確實只通過了一個孔的點粒子，但在平行宇宙中還有另一個孿生電子通過了另一個孔。這兩個位於不同宇宙中的電子，藉由纏結交互作用，改變了電子的軌跡，從而產生出干涉圖案。

總結來說，單一光子只能通過一個狹縫，但它仍然能夠創造出一幅干涉圖案，因為這顆光子能夠與它的（在一處平行宇宙中移動的）對應光子交互作用。

（值得注意的是，就算到了今天，物理學家仍在爭論「坍縮」波函數的各種詮釋。但如今不只是物理學家，連學童們也迷上了這個理念，因為他們喜愛的許多漫畫超級英雄都生活在多重宇宙當中。當他們最喜愛的超級英雄陷入困境之時，偶爾他們生活在平行宇宙中的對應角色就會來拯救他們。所以，量子物理學甚至對孩子們來說也成了熱門話題。）

量子理論總結

現在讓我們總結一下量子理論的所有奇異特徵，正是這些才讓量子電腦有可能成真。

1. 疊加

在觀察物體之前，它有許多可能的存在狀態。因此，一顆電子可以同時存在於兩處地方。這大幅強化了電腦的計算能力，因為你有更多狀態可以用來做計算。

2. 纏結

當兩顆粒子是相干的，並且你把它們分開之時，它們仍然可以相互影響。這種交互作用是即時的。這使得原子就算在分開的情況下也能互相通信。這就意味著隨著愈來愈多的可以互動的量子位元被添加進來，電腦的計算能力就會呈指數增長，速度遠勝普通電腦。

3. 路徑求和

當一顆粒子在兩點間移動時，它會對連接這兩點的所有可能路徑加總求和。最可能的路徑是古典的非量子路徑，不過所有其他路徑也都對粒子的最終量子路徑產生影響。這就表示即便是極端不可能的路徑也說不定會成真。或許正因為這個效應，創造生命的分子路徑才成為現實，於是生命才有可能成真。

4. 穿隧現象

當面對一堵巨大的能量障壁之時，通常一顆粒子並不能逕自穿透。但在量子力學中，有一個很小但有限量的概率，你可以「穿隧」或穿透這個障壁。這或許就是為什麼生命中的複雜化學反應可以在室溫下進行，即便沒有巨額能量也辦得到。

圖 6　穿隧現象

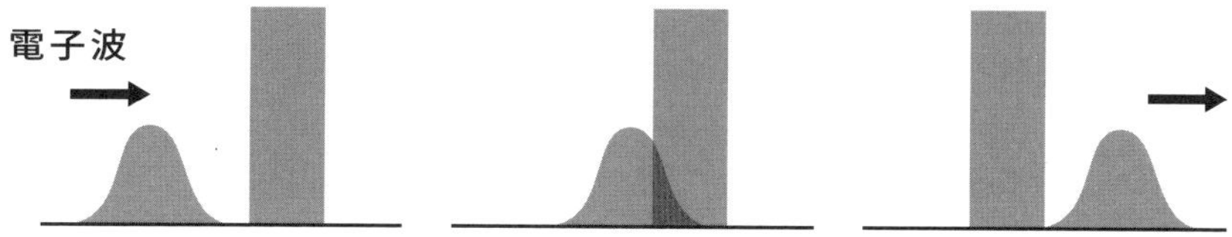

正常狀況下，一個人無法穿過一堵磚牆。但在量子力學中，有一個很小但有限量的概率，你可以直接「穿隧」穿透它。在次原子世界中，穿隧現象是很常見的，而且或許也解釋了讓生命得以成真的異常化學反應是如何發生的。

秀爾的突破

1990 年代之前，量子電腦主要依然是理論學家的玩物。它們存在於一小群人士的腦海當中，包括核心精英科學家、真正的信徒和學者。

不過到了 1990 年代初期，彼得・秀爾（Peter Shor）在 AT&T 的工作成果改變了一切。量子電腦不再只是茶餘飯後隨口聊聊的小插曲，突然之間，它成為了全球主要政府議程上的一部分。安全分析師，儘管有可能不大需要物理學背景，現在也被要求去解讀量子理論的奧祕。

凡是看過詹姆斯・龐德電影的人都知道，在這個充斥了相互競爭甚至彼此敵對之國家利益的世界上，到處都是間諜和密碼。這或許是好萊塢的誇張描述，然而這些國安特務的至寶是他們用來保護最重要國家機密的密碼。我們記得，圖靈破解納粹恩尼格瑪謎式密碼機的成就，是歷史性的轉折點，幫助縮短了戰爭的時期，改變了人類歷史的進程。

在那之前，量子電腦依然具有高度推測性，屬於最晦澀的電機工程領域。但秀爾表明了，量子電腦有可能破解目前使用的任何數位密碼，從而威脅到全球經濟，因為從事網際網路交易，傳輸數十億美元時必須絕對保密。

用於機密傳輸的首要代碼稱為 RSA 標準，這套演算法是以分解一個非常大數為本。例如，從兩個各一百位數的數字開始。如果將它們相乘，就會求出一個接近兩百位數的數字。將兩個數字相乘是一件很容易的事。

然而如果有人給你這個兩百位數的數字，並要求你對它做因式分解（找出相乘得出該數的兩個數），使用數位電腦有可能需要好幾個世紀甚至更長久時間才能完成。這就稱為陷門函數（trapdoor function）。就其中一個方向，將兩數相乘，陷門函數是芝麻小事。但就另一個方向而言，它就非常困難。不論古典電腦或是量子電腦都可以對大數字做因式分解。事實上，古典電腦原則上可以計算量子電腦能夠計算的任何事項，反之亦然，然而倘若數據過於複雜，它就可能讓古典電腦不堪負荷。

量子電腦的主要優勢在於時間。雖然古典電腦和量子電腦都能執行某些任務，但古典電腦破解困難問題所需時間有可能漫長得完全不切實際。

因此，古典電腦因式分解一個大數所需時間冗長得令人卻步，這也讓破解我們的祕密變得不切實際。但量子電腦可以在給定時段內解碼，儘管時間依然很長，但也可能短得實際可行。

所以當駭客試圖侵入你的電腦時，電腦會要求他們因式分解一個數字，這有可能是個兩百位數。考慮到這個過程得花多久時間，駭客或許就會放棄。但如果你希望指定的接收者能夠讀取傳輸的內容，只需事先給他們這兩個較小的數字。這樣他們就可以輕鬆解鎖守護訊息的電腦程式。

目前看來，RSA 演算法似乎是安全的，但未來就有可能使用量子電腦來因式分解這個兩百位數。

為理解這是如何運作的，且讓我們看看秀爾的演算法。幾個世紀以來，數學家不斷投入設計演算法來幫助他們將一個數字分解為其質因數，也就是除自身和 1 之外就沒有其他因數的數字。例如：16=2×2×2×2，因為 2 只能被自身和 1 整除。

秀爾的演算法就從這些古典數學家已知的標準技術入手，以此來對任意數進行因式分解。隨後到了處理過程快結束時，再進行所謂的傅立葉轉換（Fourier transform）。這涉及對一個複雜因子求和，因此計算是正常進行。但是就量子的情況，我們必須對許許多多的狀態加總求和，因此我們就必須改執行量子傅立葉變換。最終結果顯示，由於我們有更多的狀態可供運用，計算可以在創紀錄的時限內完成。

換句話說，古典電腦和量子電腦的因式分解方式大致相同，不同之處在於量子電腦能夠同時計算許多狀態，從而大大加快了進程。

設 N 代表我們希望分解的數。就普通數位電腦而論，執行因式分解所需的時間呈指數增長，如 $t \sim e^N$，再乘以一些不重要的因數。因此，計算時間會迅速增長到天文數字，甚至與宇宙的年齡相當。這樣一來，以傳統電腦因式分解大數也就變得雖有可能卻十分不切實際。

但如果使用量子電腦進行相同的計算，因式分解所需的時間只會如 $t \sim N^n$ 一樣增長，也就是像多項式一樣，因為量子電腦的速度遠遠勝過數位電腦。

擊敗秀爾演算法

當情報界完全意識到這項突破的意涵之時，就開始採取措施來應對。

首先，負責為美國政府制定技術標準的機構，國家標準暨技術研究院（NIST）便發表了一份關於量子電腦的聲明，指出量子電腦的真正威脅還有多年之遙。但是，現在就應該開始考慮這個問題。未來，一旦量子電腦開始破解你的代碼，到時再緊急重整這整個產業或許就太遲了。

其次，NIST 建議各公司可以採取一個簡單的措施來局部因應這項威脅。對付秀爾演算法的最簡單做法就是逕自加大需要因式分解的數。雖然最終量子電腦仍有可能破解改動過後的 RSA 編碼，不過這會延緩任何駭客的攻擊，或許還會讓成本高到難以承受。

不過解決這個問題的最直接手法是設計出更複雜的陷門函數。對量子電腦來說，RSA 演算法太簡單了，完全不是對手，因此 NIST 備忘錄提到幾種比起原始 RSA 編碼更為複雜的新式演算法。然而，這些新的陷門函數並不容易施行。它們能不能抵擋量子電腦仍有待觀察。

政府敦促公司和機構採取措施，為這場數位浩劫做好準備。在美國，NIST 發布了指導方針，說明如何打好根基來應付這種影響國家安全的新威脅。

但如果情況陷入最糟糕處境，政府和大型機構就可能採取最後的手段，那就是使用量子密碼學來打敗量子電腦，也就是以量子之力來對抗量子本身。

雷射網際網路

未來，最高機密信息可能會以獨立的雷射束網際網路頻道來發送，而不再以電纜來傳輸。雷射束是極化的，意思是波只在一個平面上振動。當犯罪分子試圖竊聽雷射束時，這就會改變雷射的極化方向，而這會立即被監控器檢測得知。這樣一來，依循量子理論相關定律，你就會知道有人竊聽了你的通信。

因此，如果犯罪分子試圖攔截傳輸，必然會引發警報。然而，這就得建立另一套以雷射為本的獨立的網際網路，用來傳輸最重要的國家機密，這會是個昂貴的解決方案。

這或許就意味著，在未來，網際網路可能會有兩個層次。銀行、大型企業和政府等組織，有可能會支付高額費用，使用以雷射為本的網際網路來發送信息，這種網際網路保證安全，而其他所有人則會使用不具有這種昂貴額外保護層的普通網際網路。

這項保安問題也引領出了一項新技術，稱為量子密鑰分發（QKD），它利用纏結的量子位元來傳輸加密密鑰，這樣就可以立即檢測到是否有人正入侵你的網路。日本的東芝公司已經預測，到這個十年期結束時，量子密鑰分發有可能創造出高達 30 億美元的營收。

所以現在，我們只能靜觀其變。許多人都期望這個威脅是被誇大了。但這並沒有阻止世界上的龍頭企業加入一場競逐，看往後是哪種技術主導未來。

超越網路威脅之外，還有全新的領域等待量子電腦去征服，如今各公司企業都競相角逐，要在這項令人振奮的新興技術占得先機。

勝利者或許就能形塑未來。

第五章
比賽開跑

有些矽谷的重量級公司如今正押注賭哪匹馬能贏得這場比賽。眼前要判定誰能勝出還嫌太早，但其影響勢必波及整個世界經濟的未來。

要了解這場競賽的發展態勢，值得注意的是，可行的電腦架構不止一種。回顧圖靈機，它是基於可以適用於種種不同技術的一般原理。因此，使用水管和閥門也有可能製造出數位電腦。其核心成分是一套能夠傳輸由 0 和 1 系列所組成之數位資訊的系統，以及一種處理這些資訊的方法。

相同道理，量子電腦也可以有種種不同的可能設計。基本上，任何能夠疊加 0 和 1 狀態並將它們纏結在一起來處理這些資訊的量子系統，都可以成為量子電腦。自旋向上或向下的電子和離子可以用來落實這個目的，順時針或逆時針旋轉的極化光子也可以。由於量子理論支配宇宙中的所有物質和能量，因此建造量子電腦的方法可能有成千上萬種。在一個悠閒的下午，一位物理學家就有可能構思出許多種能夠代表 0 和 1 疊加的方法，從而創造出一種全新的量子電腦。

那麼，這種種不同設計到底是什麼樣的？它們各自的優缺點又是什麼？如我們所見，公司和政府在這項技術上投入了數十億美元，它們的設計選擇有可能會影響誰能主導這場競賽。目前，IBM 以 433 個量子位元領先，但就像賽馬一樣，具體排名隨時都可能改變。

名稱	生產者	量子位元
魚鷹（Osprey）	IBM	433
九章	中國	76
狐尾草（Bristlecone）	Google	72
梧桐（Sycamore）	Google	53
纏結湖（Tangle Lake）	英特爾	49

本書付梓之前，IBM 發布了擁有 433 量子位元的魚鷹（Osprey）量子電腦，並計畫於 2023 年部署擁有 1,121 量子位元的禿鷹（Condor）量子電腦。IBM 研究部門資深副總裁暨研究主管達利歐・吉爾（Dario Gil）表示：「我們相信我們能夠在未來幾年內展現出量子優勢——演

示某種具有實際價值的事項。這是我們的追求。」[1] 事實上，IBM 已經公開表示，他們的最終目標是要製造出一款擁有百萬量子位元的量子電腦。

那麼，他們領先業界的設計是怎麼運作的，競爭態勢又是如何呢？

1. 超導量子電腦

目前，超導量子電腦已經為計算能力確立了基準。早在 2019 年，Google 便率先宣布，他們已經以梧桐超導量子電腦成就了量子霸權。

然而，IBM 也不遑多讓，後來便以他們的「鵰」量子處理器在 2021 年突破了 100 量子位元的障壁，此後更發展出了擁有 433 量子位元的魚鷹處理器。

超導量子電腦有個很大的優勢：它們可以使用由數位電腦業界率先開發的現成技術。矽谷的公司投入數十年功夫，熟練掌握了在矽晶圓上蝕刻精密電路的技藝。在每個晶片內，可以藉由電路中是否出現電子來代表數字 0 和 1。

超導量子電腦也依賴這項技術。只要將溫度降至接近絕對零度，電路就會具備量子力學特性，亦即它們變得相干，於是電子的疊加態就不受干擾。然後再把各個電路組合在一起，我們就可以讓它們纏結，從而得以進行量子計算。

不過這種方法的缺點是必須有一套複雜的管道和泵浦系統來冷卻

機器，這也提高了成本並引入了新的複雜性和誤差。即使是最輕微的震動或雜質，都有可能破壞電路的相干性。旁邊有人打了個噴嚏就能毀掉一項實驗。

科學家們以所謂的「相干時間」（coherence time）來衡量這種敏感性，亦即原子保持相干協同振動的時間長度。一般而言，溫度愈低，環境中原子的運動愈慢，相干時間愈長。將機器冷卻到比外太空還低的溫度，可以讓相干時間最大化。

然而，由於不可能真正達到絕對零度，計算中不可避免會有誤差滲入。普通數位電腦並不必擔心這個問題，然而對量子電腦來說，這就成了一個重大的問題。這意味著你無法完全信任結果。若是涉及數十億美元的交易，這就可能釀成嚴重問題。

應付這個問題的一種解法是使用一組量子位元來備份每個量子位元，這就可以創建冗餘並減少系統的誤差。例如，假設一款量子電腦做計算時每個量子位元都以三個量子位元來予備份，並生成數字串 101；由於數值不完全匹配，最有可能就是中間的數字錯了，應該改為 1。冗餘可以減少最終結果的誤差，但代價是大大增加了系統中的量子位元數量。

有人建議，可能需要一千個量子位元來備份一個量子位元，以便這組量子位元可以校正計算中的誤差。然而這就意味著，就一款一千量子位元的量子電腦，你會需要一百萬量子位元。這是個巨大的數量，會把技術能力催逼到極限，但 Google 估計，百萬量子位元的處理器在十年內就有可能實現。

2. 離子阱量子電腦

另一個競爭選項是離子阱（ion trap）量子電腦。當你把一顆電中性原子的一些電子剝除，你就會得到一顆帶正電的離子。以一系列電場和磁場構組成陷阱，就可以讓離子懸浮在這種阱中，引入多顆離子時，它們就會形成協同振動的相干量子位元。例如，如果電子的軸向自旋朝上，狀態表示為 0；朝下則表示為 1。因此，由於量子世界的奇異效應，結果就是這兩種狀態的疊加混合。

接著就可以發射微波射束或雷射束來轟擊這些離子，讓它們翻轉致使它們改變狀態。這些射束作用就像處理器，能將原子的配置轉換成另一種，就像數位電腦中的中央處理器讓電晶體在開、關之間翻轉。

所以這或許就是理解量子電腦如何從一批隨機電子建構而成的最明晰方式。漢威聯合公司是這種模型的領先倡導者之一。

就離子阱量子電腦而言，原子是保存在一種近乎真空狀態下，懸浮於一組能夠吸收隨機運動的複雜電場和磁場陣列當中。因此，量子相干時間可以延續得遠比超導量子電腦還更長久，而且離子電腦實際上還可以在比競爭對手更高溫的狀態下運行。然而這裡有個問題，那就是擴展性（scaling），也就是當你試圖增加量子位元數的時候。擴

圖 7　離子量子電腦

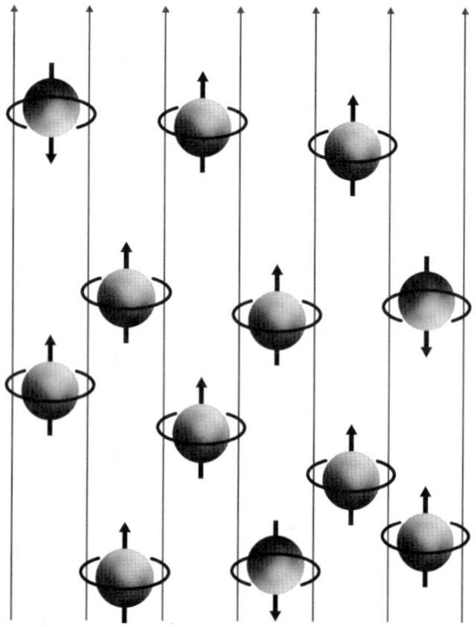

原子可以像陀螺一樣自旋並受磁場影響對齊排列。如果原子向上旋轉，它可以代表數字 0；如果向下旋轉，它可以是 1。但原子也可以呈現這兩種狀態的一種疊加樣式。以雷射轟擊這些原子，可以翻轉它們的自旋並交換 0 和 1，以此來做計算。

展性的難度相當高，因為你必須不斷重新調整電場和磁場來保持相干，這是一個複雜的歷程。

3. 光子量子電腦

就在 Google 宣稱實現了量子霸權之後不久，中國宣布他們突破了一個還更宏大的障壁，在兩百秒內完成了一項計算，而若是以數位電腦來做，那就得耗費五億年才能完成。

當羅馬薩皮恩扎大學（Sapienza University）的量子物理學家法比

奧・夏里諾（Fabio Sciarrino）聽到這個消息時，他回顧表示：「我的第一印象是，哇！」[2] 他們的量子電腦不以電子來計算，而是運用雷射束來做計算。

光子量子電腦利用光可以朝不同方向振動的特性，意思是光可以在偏振狀態下振動。例如，一束光可能垂直上下振動，或橫向左右振動。（凡是購買偏光鏡來減弱海灘上太陽眩光的人，都是利用了這一點特色。例如，你的偏光鏡可能具有一系列垂直方向的平行溝槽，這樣就可以阻擋水平方向振動的陽光。）因此，數字 0 或 1 就可以藉由光在不同偏振方向上的振動來表示。

光子量子電腦的工作原理是首先將雷射束以 45 度角射向射束分束器，分束器只是一塊精細拋光的玻璃。雷射束擊中分束器之後就會分裂成兩部分，半數向前，另外半數向側面反射。這裡的重點是，這兩束光是相干的，彼此同步振動。

接著，這兩束相干的光束就會射中兩面拋光鏡，接著兩面鏡子將光束反射回共同點，讓兩顆光子相互纏結。如此一來，我們就可以創造出一個量子位元。因此，這時生成的光束，就是一對纏結光子的疊加。現在，想像一張桌面上有好幾百個射束分束器和鏡子，這些分束器和鏡子讓一系列相干光子纏結在一起。這就是光子量子電腦實現奇蹟般運算的方式。中國的光子電腦能夠以 76 個在一百個通道中移動的纏結光子來做運算。

然而光子電腦有一個嚴重的缺點：它們是一堆笨重的鏡子和射束分束器組合，很容易就會占滿了遼闊空間。處理每道問題時，你都必須將這些複雜的鏡子和射束分束器重新列置到不同的位置。它不是種全功能型機器，不能直接編程來執行即時計算。每次計算結束之後，你都得拆卸並精確重新列置這些部件，非常耗時。此外，由於光子不容易與其他光子互動，要創建出更為複雜的量子位元也很困難。

然而，量子電腦使用光子而不使用電子有好幾個好處。電子對普通物質有強烈反應，這是由於它們荷電（也因此來自環境的干擾有可能很強），而光子並不荷電，因此承受的環境噪音要微弱得多。事實上，光束可以逕自穿透其他光束，產生的干擾微乎其微。光子的速度也遠高於電子，傳播速度是電信號的十倍。

但光子電腦的重大優勢，到頭來有可能會超越其他因素，那就是它可以在室溫下運作。它們不需要昂貴的泵和管道系統來把溫度降到接近絕對零度，極低溫條件會讓成本迅速推高。

因為光子電腦是在室溫下運作，它們的相干時間相當短暫。但這是可以彌補的，因為雷射束可以具有很高的能量，因此計算速度可以超越相干時間限制，於是環境中的分子看來就彷彿是以慢動作移動。這能減少與環境交互作用引發的錯誤。長期來看，較低錯誤率和成本降低的優勢，有可能凌駕其他設計。

最近，一家名為仙納度（Xanadu）的加拿大初創公司推出了他們的光子量子電腦，它有個獨特優勢，其基礎是個微小的晶片（而不是滿桌面的光學硬體），藉由顯微尺寸的射束分束器迷宮來操縱紅外雷射光。與中國的設計不同，仙納度晶片是可以編程的，而且他們的電腦可以透過網際網路取用。然而它只有八個量子位元，也仍然需要一些超導冷凍裝置。但正如仙納度的札卡里 · 弗農（Zachary Vernon）所說：「長期以來，光子學在量子計算技術競賽中總被視為劣勢者……有了這些結果之後……情況變得明朗，如今光子學並不是劣勢者，實際上卻是領導龍頭之一。」[3] 時間會證明一切。

4. 矽光子電腦

最近，一家新公司加入了競爭，引起了相當大的爭議。這家全新的初創公司叫做 PsiQuantum，以他們的矽光子電腦設計說服投資者，並以驚人的 31 億美元資產估值撼動了華爾街。它辦到了這一切，卻從未生產出原型機或提出任何示範項目來證明它確實能夠運作。

矽光子電腦的一大優勢在於，它們可以運用半導體產業界業已完善的成熟方法。事實上，PsiQuantum 與全球前三大先進晶片製造廠之一的格羅方德（GlobalFoundries）建立了合作夥伴關係。這個與一家成熟高科技公司的合資企業，讓這家年輕企業立刻獲得華爾街的認可。

PsiQuantum 之所以引發這麼強烈的媒體關注，原因之一在於，他們提出了迄今為止最具雄心的未來計畫。他們聲稱，到了本世紀中葉，他們就能創建出一台擁有百萬量子位元並具有實際用途的矽質光學電腦。他們認為專注於大約一百量子位元之量子電腦的競爭對手過於保守，因為他們只關注於小幅度的漸進發展。他們希望能夠大步邁向未來，超越比較謹慎和膽怯的對手。

他們的計畫有個關鍵，那就是矽的雙重本質。矽不只可以用來製造電晶體，從而得以控制電子的流動，它還能用來傳輸光，因為對於某些頻率的紅外輻射而言，矽是透明的。這種雙重本質對於纏結光子至關重要。

他們的一個重要賣點是可以解決錯誤修正的問題。由於不管做哪種計算，凡是與環境交互作用，都會導致錯誤滲入，因此你會需要創建冗餘量子位元好讓系統具有冗餘機制。擁有百萬量子位元之後，他們認為可以開始控制這些錯誤，這樣就可以在電腦上進行實際的計算。

5. 拓撲量子電腦

這個賽項的黑馬是微軟的設計，它使用了拓撲處理器。

如我們所見，許多之前的設計都面臨一個重大的問題，那就是必須讓溫度保持在接近絕對零度。但根據量子理論，除了離子阱和光子系統之外，還有另一種方法可以創造出量子電腦。倘若系統能保持某些始終不變的特殊拓撲性質，則那種系統就可以在室溫下保持穩定。想像一段打了個結的圓形繩索。若是你不得剪斷繩索，無論如何努力嘗試，這個結都是解不開的。除非剪斷它，否則繩索的拓撲結構（在本例中是結的形狀）是不能以任何操作來改變的。相同道理，物理學家試圖找出能夠在任何溫度下保持系統拓撲結構的物理系統。若能找到，它就能大大降低量子電腦的成本，並提增其穩定性。有了這樣的系統，就可以從這類拓撲構型創建出相干的量子位元。

2018 年時，荷蘭台夫特理工大學（Delft University of Technology）的物理學家宣布，他們發現了一種具有這些特性的材料，稱為銻化銦奈米線（indium antimonide nanowires）。這種材料產生自眾多成分物質的連串複雜交互作用，因此被稱為「湧現性」（emergent）材料。它號稱一種馬約拉納零模準粒子（Majorana zero mode quasiparticle）。媒體吹噓那是種神奇的材料，即使在室溫下也能保持穩定。微軟甚至還慷慨允諾挹注資金，並開始在校園內設立新的量子實驗室。

就在看似將要出現最重大突破之際，另一支團隊卻宣布他們無法複製那項結果。經過仔細檢查，台夫特團隊宣布，或許他們詮釋結果操之過急，接著就撤回了他們的論文。

由於利害關係至關重大，就連物理學家也開始相信他們的新聞報導。然而，另有其他拓撲物件仍在研究中，如任意子（anyon），因此這個門路仍被認為是可行的。

6.D-Wave 量子電腦

眼前還有最後一類量子計算技術，稱為「量子退火」（quantum annealing），由總部設在加拿大的 D-Wave 公司研發。雖然並沒有動用量子電腦的全部能力，D-Wave 聲稱他們能製造出擁有多達 5,600 量子位元的機器，遠已經超過見於其他競爭設計的數量，並計畫在幾年之內，推出擁有超過七千量子位元的電腦。截至目前，已經有一些高知名度公司購買了 D-Wave 電腦，這些電腦在公開市場上的售價從一千萬到一千五百萬美元之間。這些公司包括洛克希德馬丁公司、福斯汽車、日本NEC、洛斯阿拉莫斯國家實驗室和美國航太總署。顯然，D-Wave 量子電腦在一個領域表現出色，那就是優化。有興趣優化其業務某些參數（如減少浪費、最大化效率、提增利潤）的公司，紛紛投資在這項技術上。D-Wave 電腦藉由對磁場和電場的運用來操縱超導線路中的電流，直到達到最低能量狀態，從而得以優化數據。

總結來說，就這項新技術在企業間或甚至政府間都有激烈的競爭，大家都希望拔得頭籌取得優勢。這個領域的進展速度令人驚嘆。每家主要的電腦公司都有自己的量子電腦計畫。目前已經有原型機證明了本身價值，甚至上市銷售。

不過下一個重大挑戰是讓量子電腦解決現實世界中的實際問題，

這些問題能改變整個產業的走向。科學家和工程師專注於遠遠超出數位電腦能力範圍的問題。目標是應用量子電腦來解決科學和技術領域中的最大問題。

研究的重點之一是揭示生命起源背後的量子力學，這將有助於解開光合作用的謎團，養活全球，為社會提供能源，並治癒目前無法根治的疾病。

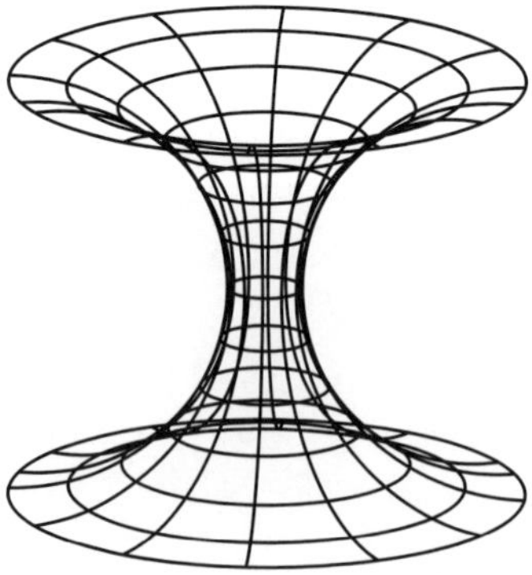

第二篇

量子電腦和社會

第六章
生命的起源

每個文化都有關於生命起源的奉若珍寶的神話。人們總想知道，究竟是什麼因素能夠解釋地球上如此豐富多彩的生命。舉例來說，在聖經中，上帝在六天內就創造了天地。祂依祂的樣貌以塵土造人，並向他吹入生命的氣息。祂創造了所有的植物和動物，並託付給我們來統治。

在希臘神話中，最初只有無形的渾沌和虛空。但在這廣大的空無中誕生了諸神，如大地女神蓋亞（Gaea）、愛神厄洛斯（Eros）、光明之神埃瑟（Ether）。接著大地女神蓋亞與夜空之神烏拉諾斯（Uranus）的結合，便生成了充滿地球的生物。

生命的起源也許是歷來最壯闊的謎團之一。這個問題在宗教、哲學和科學討論中占了極重要的地位。歷史上，許多最具洞察力的思想家都相信，世界上有某種神祕的「生命力」能夠為無生命物質帶來生機。事實上，許多科學家都相信自然發生說（spontaneous generation），認為生命可以從無生命物質中神奇地自行生成。

在 19 世紀，科學家們能夠拼湊出許多關於生命起源的線索。路易・巴斯德（Louis Pasteur）等人做了一些嚴謹實驗，確鑿驗證了生命不可能如人們普遍所相信那般自然生成。他證明了藉由將水煮沸，我們就能創造出一個無菌環境，防止生物體自發生成。

就連今天，我們對於生命在將近 40 億年前如何在地球上起源的理解，依然存有許多空白。事實上，當我們從原子層級來分析這道問題的生物和化學基本歷程，期能循此闡明箇中真相之時，數位電腦是派不上用場的。就連最簡單的分子程序，也很快就會凌駕數位電腦的處理能力。然而，量子力學可能有助於解釋這些空白，披露生命的奧祕。量子電腦非常適合用來解決這道問題，並且現在也開始從分子層級來披露某些最深層的生命奧祕。

兩項突破

1950 年代發生了兩次劃時代的突破，為生命起源的更深入研究確立了議程。第一次是在 1952 年，芝加哥大學的研究生史丹利・米勒（Stanley Miller）在哈羅德・尤里（Harold Urey）的指導下進行了一項簡單的實驗。他起初準備了一個裝滿水的燒瓶，然後加入甲烷、氨、水、氫和其他物質，構成有毒化學混合物，他認為這些物質模擬了早期地球的惡劣大氣環境。為了給系統添加能量（或許是模擬閃電或太陽的紫外線輻射），他添入了一個微弱的電火花。然後他離開讓實驗靜置一週。

當他回來時，他發現了燒瓶內出現紅色液體。經過仔細檢查，他發現這種色澤是氨基酸引起的，氨基酸是我們體內蛋白質的基本成分。換句話說，生命的基本成分在沒有任何外界干擾的情況下生成了。

從那時起，這項簡單的實驗已經被重複和變更了數百次，使科學家能夠深入洞察有可能催生出生命的古代化學反應。例如，人們可以想像，海底熱泉所含有毒化學物質或許便提供了創造生命的第一批必要化學物質所需基本元素，接著這些火山噴口有可能提供了將這些化學物質轉化為生命所需氨基酸的能量。確實，地球上的部分最原始細胞就是發現在這些海底火山噴口附近。

如今我們意識到，要創造出形成生命的基礎構件是多麼地容易。氨基酸已經在距離地球許多光年的遙遠氣體雲霧中發現，也在來自外太空的隕石內部發現。碳基氨基酸有可能在整個宇宙中形成孕育生命的種子。而這一切都歸因於氫、碳和氧的簡單鍵結特性，如同薛丁格方程式之所預測。因此，要想應用量子力學，一步一步地釐清促使生命在地球上出現的量子歷程，應該是辦得到的。基本量子理論幫助我們理解，為什麼米勒實驗是如此成功，而且它有可能指引我們在未來成就更深入的發現。

首先，利用量子力學，人們可以計算出必須有多少能量才能把甲烷、氨等成分所含化學鍵打斷來生成氨基酸。量子力學的方程式告訴我們，像米勒實驗中的那種電火花，就具備了充裕能量來完成這個歷程。此外，它還告訴我們，如果打破這些化學鍵所需的活化能量門檻因故更高了許多，那麼生命就永遠不會出現了。

其次，我們看到碳有六個電子。兩個在第一層軌域中，其餘四個則分別位第二層軌域的四個位置。這就留下了可容四個化學鍵的空間。擁有四個化學鍵的元素在週期表中相當罕見。但量子力學的規則允許這種結構創造出碳、氧和氫的複雜長鏈，從而創造出氨基酸。

第三，這些化學反應發生在水（H_2O）中，水就像個熔爐，不同的分子在其中相遇並形成更複雜的化學物質。使用量子力學，我們發現水分子的形狀像個字母 L，並能計算出兩顆氫原子形成 104.5 度的夾角。這就意味著水分子周圍的淨電荷分布並不均勻。這個電荷相當強大，足夠瓦解其他化學物質的弱鍵，因此水可以溶解許多化學物質。

因此，我們看到基本的量子力學可以創造出孕育生命的條件。但下一個問題是，我們能不能超越米勒實驗，看看量子理論可不可以創造出 DNA ？再進一步，我們能不能應用量子電腦來探究人類基因組並破解疾病和老化的祕密？

生命是什麼？

第二項突破直接來自量子力學。1944 年，已經以波動方程式名聞遐邇的薛丁格寫了一本開創性的書《生命是什麼？》（*What Is Life?*）。在書中，他提出了一項驚人的主張：生命本身是量子力學的副產品，生命藍圖經編碼納入了一種未知的分子當中。在那個時代，許多科學家都依然相信有某種神祕的「生命力」，為所有的有生命物質賦予生機，當時他就斷言，生命可以藉由量子物理學的一種應用來解釋。藉由研究他的波動方程式的解，他推測生命有可能從純數學衍生出來，顯現為一種編碼樣式，並藉由這種神祕分子傳遞下去。

這是種離譜的理念。但兩位年輕的科學家，物理學家弗朗西斯 ・ 克里克（Francis Crick）和生物學家詹姆斯 ・ 華生（James Watson）則是把它當成一項挑戰。如果生命的基礎可以在一種分子中找到，那麼他們的任務就是找到這種分子，並證明它攜帶了生命的代碼。

「從我閱讀薛丁格的《生命是什麼？》那一刻起，我便執著要找出基因的祕密。」華生回憶道。[1]

他們推論，正如薛丁格所設想的那樣，生命的分子必然是隱藏在細胞核的遺傳物質當中，其中大部分由一種稱為 DNA 的化學物質組成。但由於像 DNA 這樣的有機分子非常微小（甚至比可見光的波長還要小），所以它們是肉眼難見的，他們的任務看起來十分艱鉅。他們選擇了一種間接的方法，使用以量子理論為本的 X 射線晶體學來尋找這種傳說中的分子。

X 射線不同於可見光，其波長可以小得和原子大小相等。若是 X 射線穿過由數以兆計分子排列成某種晶格模樣的晶體，散射的 X 射線就會形成一個清楚分明的干涉圖樣，而且該圖樣可以被拍攝下來。經過仔細檢視，受過專業訓練的物理學家就可以研究這些攝影底片，據此來判定是什麼晶體圖案產生出了這些影像。

克里克和華生瀏覽羅莎琳・富蘭克林（Rosalind Franklin）以 X 射線拍攝的 DNA 照片，當時他們便認定，眼中所見圖案必然是由雙螺旋結構生成。知道了 DNA 的整體結構是種雙螺旋，如同兩個相互纏繞的梯級，他們也就能夠一顆接一顆原子地拼湊出 DNA 的整體構造。

量子力學讓他們求出碳、氫和氧原子鍵結所形成夾角的角度。因此，像孩子們搭建樂高積木一樣，他們也就能夠重建出完整的 DNA 原子結構，並解釋它是如何能夠自我複製並提供指令來引導生物發育的所有事項。

這反過來改變了生物學和醫學的本質。在上一個世紀，查爾斯・達爾文（Charles Darwin）得以描繪出生命之樹，勾勒出代表豐富多樣形式的所有分支。這株巨大的生命之樹是由單獨一顆分子啟動。而且，正如薛丁格之所設想，所有這些都可以化為數學結果被推導出來。

他們揭示了 DNA 分子的結構，並發現它是以四類稱為核酸的原子集群共組而成。這四類核酸分別稱為 A、C、T 和 G，它們都以線性順序排列，形成兩條很長的平行線，然後就像梯級一樣相互纏繞，形成 DNA 分子。（一股 DNA 鏈是看不見的，但如果攤展開來，這條單一分子的長度就會達到 1.8 米左右。）當需要複製之時，兩股 DNA 就會鬆開並分離成兩條核酸股。接著，每股就會像模板一樣，按正確的順序抓取其他原子，讓每條單股再次變成雙股。藉由這種方式，生命得以自行複製。

我們現在擁有了運用量子理論數學來創建 DNA 分子的建築架構。然而，確定 DNA 分子的基本形狀，就某種意義來看也只是簡單的部分。困難的部分是解讀潛藏分子內部的數十億個代碼。

這就像你嘗試理解音樂，最後終於學會在鋼琴鍵盤上彈奏幾個音符。但這並不代表你已經成為莫札特。學會幾個音符只是一段漫長旅程的開始。

物理學與生物技術

這當中一位引領這項工作，帶頭為我們全面完成基因定序的先鋒是哈佛大學生物化學家暨諾貝爾獎得主華特・吉爾伯特（Walter Gilbert）。當我訪問他時，他承認這個領域並不在他最初的規劃當中。事實上，他起初在哈佛大學任職時還是名物理學教授，並研究在強大的加速器中創造出的次原子粒子的行為。從事生物學研究完全不在他的考量範圍之內。

但他開始改變他的想法。首先他意識到，由於競爭十分激烈，要想在哈佛獲得終身教職是多麼困難。粒子物理學領域有許多優秀的研究人員，他必須與他們競爭。結果在那時候，他的妻子恰巧就為華生工作，而且早先在劍橋大學時期他也結識了華生，因此他對生物技術新領域正在進行的先驅研究已經有所了解，這個領域充滿了種種不同觀點和發現。他深受吸引，並發現自己開始撥出時間兼顧鑽研基本粒子深奧方程式和生物學實際動手操作事項。

因此，他押下了職業生涯的最大賭注。身為物理學教授，他邁出了很大的一步，從理論基本粒子物理學轉向生物學。但這筆賭注獲得了回報，因為在 1980 年，他獲得了諾貝爾化學獎。除了其他成就之外，他還是最早發展出一套快速技術，能夠逐一辨識一個個基因來讀取 DNA 分子的人士之一。

物理學背景出身實際上幫了他的忙。傳統上，大多數生物學系裡面滿滿都是專注於某一種動物或植物的研究人員。有些人會投入一輩子時間來尋找新發現物種並為它們命名。但突然之間，量子物理學家使用高級微積分開創了突破。精通量子力學的深奧語言，幫助他取得了重大突破，改變了我們對生命分子基礎之理解。

接著，他幫助推動了人類基因組計畫的進展。1986 年，他在紐約冷泉港（Cold Spring Harbor）發表演講，並為這項雄心勃勃、前所未見的工作估算了成本：30 億美元。「觀眾目瞪口呆，」《基因戰爭》（*The Gene Wars*）的作者羅伯特・庫克－迪根（Robert Cook-Deegan）回顧表示：「吉爾伯特的預測掀起軒然大波。」許多人認為這是個低得令人難以置信的數字。當他做出那項驚人預測之時，只有少數幾個基因完成定序。許多科學家甚至認為，人類基因組是永遠沒辦法解讀完成的。

結果那個數字成為國會核准人類基因組計畫的預算金額。由於技術進步十分迅速，這項計畫在預算範圍內提前完成，這在華盛頓是前所未聞的。（我問他如何得出那個數字。他知道我們的 DNA 含有 30 億組鹼基對，並估計最終每一鹼基對的定序成本會是一美元。）

吉爾伯特甚至預言，在未來，「你可以去藥局購買自己的 DNA 序列光碟，然後在家裡用你的麥金塔電腦分析……到時〔你〕就可以從〔你的〕口袋掏出一片光碟並說，『這是一個人類；這是我！』」

所有這些對一個人產生了深遠的影響，他是前美國國家衛生研究院院長弗朗西斯・柯林斯（Francis Collins）。柯林斯是當今醫學界最富影響力的醫師之一。數百萬人曾在電視上看到他談論有關 Covid-19 大流行的最新疫情進展。

我問柯林斯，他如何在一開始主修化學的情況下，對生物學產生興趣。他對我坦白說，生物學總是顯得如此「混亂」，有那麼多動植物的那麼多任意名稱。他認為，這完全沒有規律章法可循。在化學中，他看到了秩序、紀律和可以研究並複製的模式。所以他教物理化學

（physical chemistry），用薛丁格方程式來解釋分子的內部運作。

然而，他最終意識到自己選錯了領域。物理化學已經發展得非常成熟，擁有經透澈了解的原理和概念。

隨後他開始重新考慮生物學。儘管在生物學領域，科學家為隱晦的昆蟲和動物取了奇怪的希臘名字，但生物技術領域卻充滿了新的想法和新穎的概念。在新進人員看來，這就是一片未經探索的處女地。

他請教了其他人，包括吉爾伯特，吉爾伯特告訴他，自己是如何從基本粒子物理轉行做 DNA 定序。他鼓勵柯林斯也這麼做。

於是柯林斯勇敢嘗試，也從未後悔。他回顧表示：「我意識到，『我的天啊，這才是真正的黃金時代』。當時我得擔心自己教熱力學時，對象卻是一群對這門課程完全反感的學生。而生物學的情況則是如同 1920 年代的量子力學……我徹底折服了。」

柯林斯很快就聲譽鵲起。1989 年，他揭示了誘發囊腫纖維化的基因突變。他發現釀成這種變性的起因是你的 DNA 中區區三個鹼基對的缺失（從 ATCTTT 變為 ATT）所致。

最終，他攀登成為全國層級最高的醫學管理者。但他將自己的個人風格帶到了華盛頓。他騎摩托車上班，也從未迴避自己的宗教信仰。他甚至寫了一本暢銷書：《上帝的語言：世界頂尖遺傳工程科學家獻身見證》（*The Language of God: A Scientist Presents Evidence for Belief*）。

生物技術的三個階段

吉爾伯特和柯林斯在某個程度上代表了這個領域的幾個發展階段。

第一階段：基因組測繪

在第一階段，吉爾伯特和其他人完成了人類基因組計畫，這是有史以來最重要的科研事業之一。然而，人類基因組的編目就像一本有兩萬則條目卻沒有定義的字典。單就它本身而言，這是一項壯闊的成就，卻也毫無用處。

第二階段：確定基因的功能

在第二階段，柯林斯和其他人試圖為這些基因填補定義。藉由為疾病、組織、器官等定序，經過繁瑣的冗長作業，我們就可以編纂出這些基因的運作方式。這是個艱辛、緩慢的歷程，但逐漸地，這部字典愈見充實了。

第三階段：修改和改善基因組

不過現在我們正逐漸進入第三階段，我們可以使用這部字典並成為作家。這就意味著使用量子電腦來解碼釐清這些基因在分子層級的運作方式，於是我們就能設計出新的醫療方法，並創造出新的工具來攻擊無法治癒的疾病。一旦我們了解它們如何在分子層級造成損害，或許我們就能運用這些知識來設計新技術以中和或治癒這些疾病。

生命的悖論

在嘗試追溯生命的起源之時，我們仍然面對一則突顯的悖論。隨機的化學事件如何能夠創造出生命的精密複雜分子，而且只花了這般短暫的時間？

地質學家認為，地球有 46 億年的歷史。在將近十億年期間，地球都處於熔融狀態，由於太熱，無法維繫生命。由於隕石反覆撞擊和火山噴發，古代海洋有可能多次被煮沸蒸散，於是生命也就不可能存在。然而到了 38 億年前，地球逐漸冷卻，得以形成海洋。由於 DNA 被認為是在 37 億年前出現，這就意味著在數億年的時間裡，DNA 便突然現身，而且具有了種種化學程序，讓它得以使用能量並能繁殖。

部分科學家便曾表示，他們認為這是不可能的。偉大宇宙學先驅佛萊德・霍伊爾（Fred Hoyle）便認為，考慮到 DNA 似乎十分迅速就出現，這段時間實在不充裕，不夠形成生命，因此生命必定來自外太空。已知深空中的岩石和氣體雲霧都含有氨基酸，所以或許生命源自其他地方。

這就稱為「胚種論」（panspermia theory），晚近的新證據重新燃起了對它的興趣。藉由檢視隕石中的礦物質含量和困陷隕石內的微小氣泡，我們發現了結果與太空探測器在火星上找到的岩石完全匹配。在迄今為止發現的六萬顆隕石中，至少有 125 顆經確定來自火星。

例如，一顆名為 ALH84001 的隕石是在一萬三千年前墜落在南極。它可能是一千六百萬年前因隕石撞擊被拋射上太空，接著飄浮直到最終降落在地球上。針對這顆隕石內部的顯微分析顯示，裡面有些類似蠕蟲的結構。（即便到了今天，有關這些結構是古代化石化多細胞生物或是自然現象仍有爭議。）如果岩石可以從火星來到地球，為什麼 DNA 就不行呢？

現在認為，可能有許多隕石在火星、金星、月球和地球之間飄蕩，因為隕石撞擊足夠強大，可以將岩石送上太空，最終墜落在另一顆行星上。不能排除 DNA 有可能來自地球以外的地方。

然而，就這道難題還有另一種解釋。

如我們所見，量子理論允許幾種機制大大加速化學程序。前面討論過的路徑積分方法總結了化學反應中所有可能的路徑，甚至包括不大可能的路徑。這些路徑在尋常牛頓定律規範下確實是被禁止的，然而就量子力學而言卻是實際可行的。這當中有些有可能醞釀出複雜的分子結構。

我們也知道酶可以加速化學程序。它們能將化學物質聚集在一起，好讓它們以高速反應，接著還能降低能量閾值，使它們能夠穿越能量障壁。這就意味著即使是極不可能的化學反應也能成為現實。根據量子理論，看似違反能量守恆的反應，是有可能得以發生的。

那麼換句話說，量子力學有可能是生命那麼早就出現在地球上的起因。隨著量子電腦問世，我們希望對生命的認識當中的許多缺失部分就能夠獲得解答。

計算化學和量子生物學

量子電腦的迅猛發展催生出號稱計算化學和量子生物學的新科學。終於，量子電腦便逐漸讓我們得以創建出逼真的分子模型，於是科學家也就能夠逐一原子、逐一納秒地審視化學反應是如何發生的。

例如，想像使用食譜來烹調出一頓餐飲。單只遵照指示一步步操作固然方便，但你完全不知道風味和食材如何交互作用，才能創造出美味佳餚。倘若你偏離食譜，那就完全是嘗試錯誤和猜測的作用。這不僅耗時，還會導往許多死胡同。然而，如今的化學研究大致就是這樣進行的。

現在，想像你可以就分子層級分析所有的食材。原則上，這樣就有可能從第一原理出發，釐清分子如何彼此交互作用，於是你就有可能創造出新的美味食譜。這正是量子電腦的希望所在，期盼能就分子層級理解基因、蛋白質和化學物質之間的交互作用。

IBM 研究員珍妮特 · 加西亞（Jeannette M. Garcia）說道：「當分子變得更大，它們很快就超出了你使用古典電腦所能模擬的範疇。」[2]

加西亞還曾在其他地方寫道：「即使是完全準確地預測簡單分子的行為，也超出了最強大電腦的能力範疇。這正是量子計算技術在未來幾年內可能帶來明顯進展的地方。」[3] 她指出，數位電腦只能可靠地計算區區幾顆電子的行為。超出這個範圍，除非採用極端簡化的近似算法，否則這種計算會讓任何古典電腦不堪負荷。

她補充說道：「量子電腦現在已經來到可以開始建模小分子——好比氫化鋰——之能量學和特性的地步，這讓我們有機會得到性能優於現況的模型，讓我們能依循更明晰的路徑來成就發現。」

維吉尼亞理工大學的朱玲華表示：「原子是量子性的，電腦是量子性的，我們使用量子來模擬量子。當我們使用古典方法，我們總是使用近似算法，但使用量子電腦時，我們就能精確地知道每顆原子如何與其他原子互動。」[4]

例如，設想一位藝術家試行臨摹〈蒙娜麗莎〉畫一幅複製品。倘若你只給那位藝術家一些牙籤，結果就只會是一幅粗略的簡筆畫。直線畫不出人形的複雜性。但如果你給藝術家一枝細墨筆和不同顏色的墨水，那麼他就可以創造出豐盛的曲線形狀，並由此創作出那幅名畫的合宜複製品。換句話說，你需要曲線來模擬曲線。同樣地，只有量子電腦才能捕捉量子系統的複雜性，好比化學物質和生命建構基石。

若想了解這是如何運作的，就讓我們回到第三章提到的薛丁格波動方程式。回顧那時我們介紹了一個叫做 H（哈密頓）的量，代表所研究體系的總能量。這就意味著對大分子來說，這個量是由大量項目的總和所組成，例如：

- 各個電子和原子核的動能
- 各個粒子的靜電能量
- 所有各種粒子之間的交互作用
- 自旋的效應

如果我們研究的是最簡單的系統——只擁有一顆電子和一顆質子的氫原子——那麼這就可以在任何研究所一年級物理課程中準確解決。推導運算就需要略超過三年級微積分的知識。然而，即使是這麼簡單的系統，我們也可以得到一個實至名歸的金礦成果，例如氫原子的全套能量級組合。

但是倘若我們有區區兩顆電子，代表氦原子，那麼瞬間情況就會變得複雜，因為現在我們必須考慮兩顆電子之間的複雜互動。就三顆或更多電子，這會迅速失控讓數位電腦束手無策。因此，這時就必須做出大量近似運算，才能得出合理準確的結果。量子電腦有可能就這方面有所裨益。

舉例來說，2020 年消息指出，Google 的梧桐電腦開創新紀錄；它能夠使用 12 個量子位元來準確地模擬 12 顆氫原子規模的鏈。

「這個結果讓我們非常振奮，因為這次使用的量子位元和電子數不只兩倍於先前任何量子化學模擬，而且達到了相同等級的準確度。」開創這項新紀錄的團隊成員瑞安・巴布什（Ryan Babbush）說明。[5]

量子電腦還能夠模擬涉及氫和氮的化學反應，即便我們將其中一個氫原子的位置稍作調整。巴布什補充說道：「這顯示，事實上，這款設備是種完全可以編程的數位量子電腦，可以用於任何你可能嘗試的事項。」

加西亞總結表示：「傳統構造的電腦根本應付不了像咖啡因這樣的常見物質的複雜程度。」在她看來，未來屬於量子型式。

但這些初步的成就只讓量子科學家的胃口變得更大。他們渴望挑戰更具雄心的項目，例如光合作用，這是地球上生命的基礎。這個祕密，如何利用陽光來創造出我們周圍所見的豐盛水果和蔬菜，或許有一天就會被量子電腦揭開。因此，下一個目標可能就是地球上最重要的量子歷程之一：光合作用。

第七章

綠化世界

一個燦爛的春日，我走進密林，不禁滿心陶醉，被周遭充滿生氣的蒼翠綠意，以及極目所及在每處角落綻放的嬌嫩花朵所淹沒。無論凝望何處，眼前都是這一片鮮活的彩虹色彩。我看到生命全方位處處爆發，植物熱切地吸收陽光，並以某種方式將能量轉換成這片豐盈的景象。

但我也受了一項體認大感震撼：我眼前見證了一場持續超過 30 億年的大戲，這個歷程實際上便使地球上的複雜生命得以成真。驅動地球生命的力量是光合作用，這是個表面看似簡單的歷程，藉此植物才能將二氧化碳、陽光和水轉換成糖和氧。令人難以置信的是，光合作用每秒創造出一萬五千噸生物質（biomass），這是地球上滿覆綠色植被的根源。

沒有光合作用，生命是無從設想的。然而出奇的是，儘管我們在科學上取得了長足進展，生物學家卻依然不能完全確定這一重要歷程的具體運作方式。有些生物學家認為，由於光合作用捕捉光子能量的效率接近百分之百，它必然屬於量子力學型式。（但如果你計算將光轉換為燃料和生物質等最終產物的整體效率，這就需要一系列複雜的步驟和細密的化學反應，那麼最終效率就會下降到百分之一。）若是有一天量子電腦能解開光合作用的祕密，那麼將來就有可能製造出效率接近完美的光伏電池，使太陽能時代成為現實。我們也可以提高農作物的產量來養活飢餓的地球。或許光合作用還可以被改造，使植物即使在惡劣環境中也能繁茂生長。或者，如果有一天我們開始殖民火星，到時或許有可能改造光合作用，使植物在那顆紅色星球上茁壯成長。

一個令人驚嘆的研究方向稱為人工光合作用，這有一天或許就能為我們提供一種「人造葉」，這是種更具多功能性的光合作用形式，可能使植物整體上更具效能。我們有時會忘記光合作用是數十億年來完全隨機、渾沌化學程序的最終產物，並且它是純粹偶然地發展出這些非凡的特性。因此，一旦量子電腦披露了光合作用在量子層級上的謎團，我們或許就能改進並修改植物的生長方式。幾十億年的植物演化，有可能在量子電腦上壓縮成幾個月的時間。

舉例來說，柏克萊的卡夫里能源奈米科學研究所（Kavli Energy NanoScience Institute）的葛拉漢・弗萊明（Graham Fleming）便說：

「我真的想知道在光合作用的早期階段大自然是怎麼運作的。然後我們就可以運用那項知識來創建人工系統，讓系統具備自然系統的所有優點而沒有產生種子、維繫生命或抵禦昆蟲侵害取食的這些包袱。」[1]

縱貫歷史，植物始終是個謎。它們只需偶爾澆水，似乎就能自行繁茂滋長。自古以來，人們總認為，植物是藉由某種方式吃土來生長。直到 17 世紀中葉，這項觀點才出現變化。比利時科學家揚・范・海爾蒙特（Jan van Helmont）測量了一棵植物與其土壤的重量。結果令他驚訝，他發現土壤的重量隨時間完全沒有改變。他得出結論，植物的生長是由於水的原因。

接著，化學家約瑟夫・卜利士力（Joseph Priestley）進行了更詳細的實驗，其中一項是將一棵植物和一根蠟燭放在一個玻璃罐中。他發現如果單獨放置，蠟燭會很快熄滅，但在有植物的情況下，蠟燭就可以繼續燃燒，因為植物消耗了空氣中的二氧化碳並提供了蠟燭燃燒所需的氧。

到了 1800 年代初期，生物學家開始拼湊出所有的片段，意識到植物需要陽光、水和二氧化碳，而且會在這個過程中釋出氧。

光合作用對地球十分重要，實際上它重塑了地球的大氣層。地球形成之時，它的早期大氣主要是由古代火山排放的二氧化碳所構成。我們可以從火星和金星的大氣層中看到這一點，兩顆行星的大氣幾乎純粹都由火山排放的二氧化碳所組成。

然而當光合作用在地球上出現時，它就把二氧化碳轉化為我們現在呼吸的氧氣。所以每次呼吸時，我都會想起數十億年前發生的這項重大轉變。

到了 1950 年代，科學家拼湊出了所謂的卡爾文循環（Calvin cycle），這是將二氧化碳和水轉化為碳水化合物的複雜化學程序。藉由包括碳 14 分析在內的各種技術，他們得以追蹤特定化學物質在植物中移動的歷程。

藉由這些手段，生物學家便能夠慢慢理解植物的生命歷史。但有個步驟始終困擾著他們。植物最初是如何捕獲光子能量的？是什麼因素促成了從捕獲陽光能量開始的這長串事件？至今依然是個謎。不過量子電腦有可能幫助解開這個謎團。

光合作用的量子力學

許多科學家認為光合作用是種量子歷程。它的起點是當光子（也就是光的離散封包）撞擊內含葉綠素的葉片。葉綠素是種特殊的分子，能吸收紅光和藍光，但不吸收綠光，綠光被散射回環境。因此，植物的綠色是因為綠光沒有被它們吸收。（如果自然界創造出了能夠盡可能吸收最多光的植物，那麼植物就應該呈黑色，而不是綠色的。）

當光線照射到葉片上時，你料想它會朝各個方向散射並永遠消失。但量子奇蹟就在這裡發生了。光的光子撞擊葉綠素，這在葉片上產生了能量振動，稱為激子（exciton），這些激子以某種方式沿著葉片的表面傳播。最終，這些激發狀態進入了葉片表面上的所謂的收集中心，激子的能量在那裡被用來將二氧化碳轉化為氧。

根據熱力學第二定律，當能量從一種形式轉換為另一種形式時，那股能量很大部分就會流失進入環境。因此，我們預期光子的能量在撞擊葉綠素分子時，很大部分應該就會散逸，於是在這個程序當中化為廢熱流失。

然而，神奇的是，激子的能量幾乎毫無損失地被轉移到收集中心。基於某些尚未理解的原因，這個程序的效率幾乎達到百分之百。

光子創造激子並在收集中心聚集的現象就像一場高爾夫巡迴賽，每位高爾夫選手隨機擊球向四面八方射去。接著，彷彿出現魔法，所有這些球都不知如何便改變方向，每顆都打出一桿進洞。這原本不該發生，但實際上可以在實驗室中測量得知。

有種理論認為，促成激子這段旅程的功臣是路徑積分，前面我們提過，這是費曼引入的表述。我們記得費曼以路徑重寫了量子理論的定律。當一顆電子從一點移動到另一點時，它不知為何會探索這兩點之間的所有可能路徑。接著它為每條路徑計算出一個概率。因此，電子因故「知道」連接這些點的所有可能路徑。這就意味著那顆電子會「選出」最有效率的路徑。

這裡還有第二個謎團。光合作用的過程發生在室溫下，在這種情況下，環境中原子的隨機運動應該會破壞激子之間的相干性。通常，量子電腦都必須冷卻到接近絕對零度，才能最大限度地減輕這類渾沌的運動，然而植物在正常溫度下卻能完美地運作。這怎麼可能呢？

人工光合作用

有種實驗做法能證明或推翻量子效應存在，那就是尋找相干性的跡象。相干是原子同步振動現象，也是量子效應的明顯標誌。通常，我們預期會發現個別振動的渾沌亂象，毫無規律或道理可言，但倘若能檢測出一些彼此同相位的振動，這就能立即表明量子效應的存在。

2007 年，弗萊明論述指出他觀察到了這種難以捉摸的現象。由於他動用了一種特殊的超快速多維光譜儀，能夠產生持續一飛秒（即千兆分之一秒）的光脈衝，於是他也得以宣布在光合作用中發現了相干性。他需要這些極其快速的雷射，才能在與環境的隨機碰撞破壞相干之前，檢測出相干光束。從雷射的角度來看，環境中的原子幾乎全都在時間中凍結，因此可以基本忽略不計。他成功表明光波可以同時存在於兩個或多個量子態中。這就意味著光可以同時探索多條通往反應中心的路徑。這或許便解釋了為什麼激子幾乎百分之百能找到反應中心。

K・伯姬塔・惠利（K. Birgitta Whaley）是弗萊明的柏克萊同事，她補充說明：「激發過程有效地從量子可能路徑清單中『挑選』出最有效率的路徑。這會需要把移行粒子的所有可能狀態疊加成單一的、相干的量子態，並持續十分之一飛秒。」[2]

這或許也能解釋為什麼光合作用能在室溫下運行，完全不需要像物理實驗室中的所有管路和配管。

量子電腦完全適合進行這些量子計算。倘若使用路徑積分的途徑是有效的，那麼這就意味著我們現在就可以改變光合作用的動力學，據以解決種種不同問題。與其執行數千次植物實驗，耗費大量時間，不如採行虛擬方式來完成這些實驗。

例如，我們或有可能培育出效率更高或蔬果產量更高的作物來提高農民的收成。

此外，人類飲食在很大程度上依賴於少數幾種穀物，好比稻米和小麥，所以倘若出現突發病害攻擊我們的穀物，就有可能把整個食物鏈打亂。我們的基本食物只要有一種突然遭受破壞，我們就會束手無策。

科學家的新焦點是創造出一種能進行人工光合作用的「人造葉」，這就能幫助我們消滅對這項重要自然歷程的依賴。

人造葉

當我們討論全球最大問題之時，二氧化碳通常都被描寫成故事中的一個反派角色。二氧化碳捕捉來自太陽的能量並使地球變熱。不過倘若我們能夠循環利用這種溫室氣體，讓它變得無害呢？我們或許還能從循環利用的二氧化碳中創造出具有商業價值的化學物質。科學家提出，或許陽光正好就能做到這一點。這項新技術會從空氣中吸收二氧化碳，再與陽光和水結合，生成燃料和其他有價值的化學物質，也就是類似葉片的功能，不過這種葉片是人造的。燃燒這些燃料會生成更多的二氧化碳，而這就可以重新與陽光和水結合，生成更多的燃料，形成一個無止境的循環利用歷程，也不會有二氧化碳的淨增長。這樣一來，曾經被視為反派角色的二氧化碳，也就成為了一種有用的資源。

這種循環利用要能奏效，就必須落實兩個步驟。

首先，陽光將被用來將水分解為氫和氧。產生的氫可以用於燃料電池，為清潔的氫燃料車提供動力。電動車的一個問題是，它們使用電池，而電池的能量主要來自燃煤式和燃油式發電廠。雖然電池的燃燒過程很乾淨，但電力起初是來自於會造成汙染的燃油發電廠。因此，使用電池目前隱含著一個成本。然而，燃料電池燃燒氫和氧，產生的廢物則是水。因此，燃料電池的燃燒過程是乾淨的，無須燃油和燃煤發電廠。然而，以燃料電池為基礎的產業基礎設施，仍遠不如以電池為本的設施那麼成熟。

其次，藉由分解水所生成的氫可以與二氧化碳結合，生成燃料和有價值的碳氫化合物。接著這些燃料可以燃燒，也再次生成二氧化碳，不過它可以與氫再次結合，從而實現循環利用。這可以創造出新的循環，使二氧化碳能夠持續重複利用，於是它就不會在大氣中積累，並使這種溫室氣體的數量穩定下來，同時還能提供能量。

「我們的目標是完成碳燃料循環，」人工光合作用聯合中心（Joint

Center for Artificial Photosynthesis, JCAP）總監哈里・阿特沃特（Harry Atwater）這樣說：「這是個大膽的概念。」[3] 那處中心是能源部的分支單位，負責資助人工光合作用。

如果成功，這就可以在對抗全球暖化的戰鬥中促成一次範式轉變。二氧化碳將被重新定位為維繫社會運作的較大轉輪當中的一個齒輪。量子電腦有可能在實現碳循環當中扮演決定性角色。量子研究員阿里・埃爾・卡法拉尼曾為《富比士》雜誌撰文，他在文中表示：「量子電腦或許能夠加速新的二氧化碳催化劑的發現，這類催化劑能確保高效率的二氧化碳循環利用，同時生成氫和一氧化碳等有用的氣體。」[4]

雖然這聽起來像是個夢想，但第一次突破發生在 1972 年，當時藤嶋昭以及本多健一展示了光可以用來將水分解成氫和氧，使用的電極分別由二氧化鈦和鉑製成。儘管效率只有百分之零點一，這項原理驗證仍表明了要創造人造葉是有可能的。

自那時以來，化學家一直在嘗試修改這項實驗來降低成本，因為鉑非常昂貴。例如，在人工光合作用聯合中心，化學家便能夠使用光以百分之十的效率來分解水，使用的電極由半導體和以鎳製成的催化劑組成。

困難的部分是如今得完成最後一步，找出一種廉價的方法將氫與二氧化碳結合來製造燃料。這很困難，因為二氧化碳是種極為穩定的分子。哈佛的化學家丹尼爾・諾塞拉（Daniel Nocera）認為他已經找到了一種可行的方法來達成目標。他使用一種名為富養羅爾斯通氏菌（*Ralstonia eutropha*）的細菌，這種細菌能將氫與二氧化碳結合來製造燃料和生物質，其效率達到百分之十一。諾塞拉說：「我們完成了一種效能十倍或百倍於大自然的人工光合作用。這不再僅只是個化學問題，也不再僅只是個技術問題。」[5]在他看來，大問題現在已經解決。如今的問題是經濟問題，也就是說，產業界和政府會不會在成本考慮下支持二氧化碳的循環利用。

哈佛的帕梅拉・西爾弗（Pamela Silver）參與這項計畫，她指出，運用微生物來完成碳循環乍聽之下可能有些奇怪，但微生物已經由釀酒業採用在產業規模上發酵糖分。

同時，加州大學柏克萊分校的化學家楊培東也使用生物工程改造的細菌，但採用不同的手法。他使用光來將水分解成氫和氧，並在這過程中動用了纖細的半導體奈米線，然後在這些奈米線上培養細菌，這些細菌會利用氫來生成各種有用的化學物質，例如丁醇和天然氣。

量子電腦可以將這項技術提升到下一個層次。到目前為止，這個領域的許多進展都是藉由嘗試錯誤取得的，必須進行好幾百次使用奇特化學物質的實驗。例如，利用氫將二氧化碳固定納入燃料是種複雜的分子程序，需要轉移許多電子並破壞許多鍵。量子電腦或許能夠在模擬中複製這些化學程序，並讓化學家創造出新的替代量子路徑。例如，二氧化碳是一系列氧化反應的最終產物。量子電腦或許能夠模擬如何破壞二氧化碳的鍵，讓它們能夠重新與氫結合生成燃料。

如果量子電腦帶來了創建人工光合作用和人造葉的最後一步，這或許就會開創出種種全新的產業，從而得以提供新型式的高效能太陽電池、替代型作物以及新型態的光合作用。在這過程當中，還可能運用量子電腦來找出循環利用二氧化碳的方法，而這就能在應付氣候變遷的努力中發揮重大作用。

量子電腦有可能在駕馭光合作用的動力方面發揮關鍵作用，從而將陽光的能量轉化為食物和營養。然而，要創造出豐沛的糧食，下一步就是需要肥料來滋育作物，來幫助它們茁壯成長。再次，量子電腦有可能完成這最後關鍵一步，就滋養地球方面發揮決定性的作用。

諷刺的是，促使這一步落實成真、得以養活數十億人並使現代文明成為現實的先驅，有時卻不是被形容為歷史上最偉大的科學家之一，而是一名戰犯。

第八章

滋養地球

在現代歷史中，一個人拯救的生命，超過了地球上其他任何人救活的人數，然而他的名字對一般大眾來說卻基本上都是未知的。據可靠估計，今天大約一半人口是由於這個人的發現才能存活，卻沒有任何傳記或紀錄片歌頌他的功績。德國化學家佛列茲 · 哈伯（Fritz Haber）的影響觸及地球上每個人的生活。哈伯是發現如何製造人工肥料的人。我們吃的食物有百分之五十都直接與他的開創性研究有關，然而他的貢獻卻很少受到歷史學家頌揚。

他掀起了綠色革命，破解了大自然如何製造出幾乎無限量肥料的祕密，從而得以在今天幫助養活整個地球。他發現了從空氣中提取氮來製造肥料的關鍵化學程序，從此改變了世界歷史。過去農民只能在貧瘠的土壤中辛勤耕作，勉強維持生計，如今我們看到的是一望無際的綠色農作物。不再是滿布貧瘠、荒蕪田野，遍地饑荒的國度，現在我們擁有物產極其豐饒的蒼翠農莊。

但他的歷史角色卻蒙上了陰影，因為他的驚人突破，也可以用來製造毀滅性的化學武器，包括高爆炸藥以及毒氣。儘管這顆星球上的數十億人之所以能夠存活，都得歸功於那個人，然而他的成果卻也奪走了成千上萬條性命，那些人在戰場上由於他的發現所釀成的浩劫而喪命。

此外，我們還得面對這項事實：哈伯—博施法，也就是他開發的技術的稱號，會消耗十分龐大的能量，從而對能源供應造成巨大壓力，加劇了汙染甚至氣候變遷。

然而，問題在於，百年來沒有人能夠改進哈伯—博施法，因為它在分子層級上十分複雜。因此，期盼量子電腦能為哈伯—博施法提供改進替代方案或予修飾改變，這樣我們才能夠滋養這顆星球同時也不至於消耗大量能源並釀成環境問題。

但要理解哈伯的開創性工作以及量子電腦在改進其發現方面的重要性，首先我們必須體認，他在避開馬爾薩斯所預言之悲慘命運方面做出的巨大貢獻。

人口過剩與饑荒

回溯至 1798 年，托馬斯 · 馬爾薩斯（Thomas Robert Malthus）預言有一天人類的數量可能會超過糧食供應，導致大規模饑荒和死亡。在他看來，所有動物都在進行一場永恆的生死鬥爭，當牠們的數量超過其棲息地的承載能力之時，許多動物就會挨餓。人類也不例外。我們也受這條鐵律的約束，人類只在有充分糧食可供取食的情況下才會繁榮。但由於人口有可能呈指數增長，而糧食供應只會緩慢進步，最終人口就有可能超越現有的糧食供應。這就意味著可能會有騷亂、大規模饑荒，隨後就是國家之間為爭奪資源而進行的殘酷戰爭。

到了 1800 年代，情況愈來愈明朗，這則令人畏懼的預言或許有可能成真。儘管人類族群數量在數千年間相對穩定，落差每年不到一百萬，當時卻正經歷一段前所未有的蓬勃增長。工業革命和機械時代的到來，使得人口得以迅速擴張。

（我在小學時期看過這種現象的一個鮮活例證。在一項實驗中，我們安置好一個裝滿營養物質的培養皿，然後把一些細菌擺在培養皿正中央。幾天過後，我們看到細菌呈指數級增長，形成了大型的圓形細胞群落，隨後它們卻突然停止生長。我問自己，為什麼細菌會停止生長？然後我開始意識到，細菌群落是藉由消耗所有營養物質迅速增長，隨後由於食物供應枯竭這才死亡。因此，這種為了食物和生長而進行的生死掙扎，實際上就是培養皿中的馬爾薩斯鬥爭。）

如今，世界的食物供應嚴重依賴肥料。肥料的主要成分是氮，氮存在於我們的蛋白質和 DNA 分子中。諷刺的是，氮是我們呼吸的空氣中含量最豐富的化學元素，約占空氣的八成。出於某種神祕的原因，順著莢果類（legume，如花生和豆類）根部生長的簡單細菌，可以從空氣中提取氮，將其「固定」到碳、氧和氫分子中並製成氨，而這就是製造肥料所需的基本成分。

這些細菌不知如何便掌握了一種令人費解的化學程序。儘管普通細菌能夠輕鬆地從空氣中提取氮來創造出生命所需肥料，但化學家依然沒辦法以這般高效能來仿製出大自然的這種程序。

原因在於我們呼吸的氮實際上是 N_2，亦即兩顆氮原子以三個共價化學鍵十分緊密地結合在一起。這些鍵非常強大，尋常化學程序是無法將它們破壞的。因此，化學家被迫面對這一棘手困境。我們呼吸的空氣中充滿了能夠賦予生命的氮，這在原則上讓肥料有可能製造成真，然而它的形式不當，因此毫無用處。

這就像是那句諺語描述的人，在充滿鹽水的海洋中死於口渴。你周遭全是水，卻無一滴可飲。

審視薛丁格原子我們就能輕鬆理解這道問題。氮有七顆電子，這些電子可以填滿第一能階 1S 軌域的兩個可用空間，以及第二能階的五顆電子。填滿頭兩個能階的所有軌域需要十顆電子。（請回顧，電子是成對繞軌運行的，旅館的第一層有一個房間可以容納兩顆電子，第二層有四個房間，每個房間各容納兩顆電子。）這就意味著在第二層，有兩顆電子位於 2S 軌域，其餘三顆電子則各自位於 Px、Py 和 Pz 軌域。因此，有三顆電子是未配對的。當與第二顆氮原子結合時，這就會給我們兩顆原子之間共享的三顆電子，達到填滿頭兩個軌域所需的十顆電子，最重要的是，這就形成了一個極其強大的三重鍵。

為戰爭與和平服務的科學

這就是哈伯的成果介入的地方。就連在孩提時期，他對化學也已經充滿了興趣，經常自己做實驗。他的父親是一位成功的商人，進口染料和顏料，有時他也會在父親的化工廠幫忙。他屬於歐洲猶太人新興一代的一員，在商業和科學領域都很成功，但他最終皈依了基督教。不過最重要的是，他是一位民族主義者，堅定地希望用自己的化學知識來幫助德國。

他專注於好幾項化學謎題，包括如何駕馭空氣中的氮，把它轉化為有用的製品，好比肥料和爆裂物。他意識到，唯一能將兩顆氮原子分開的方法就是施加巨大的壓力和極度高溫。他構思理論並認為靠蠻力就可以破壞氮鍵。他在實驗室中找到了正確的神奇組合，從而創造了歷史。

如果將空氣中的氮加熱至三百攝氏度，並施加大氣壓力的兩百至三百倍壓力，最終這就有可能將氮分子拆解，並與氫重新結合形成氨（NH_3）。這是歷史上第一次，化學可以用來滋養世界日益增長的人口。

後來他會在 1918 年獲得諾貝爾獎來表彰他的這項開創性成果。如今，你體內大約一半的氮分子直接根源自哈伯的發現，因此他的持久遺產業已烙印在你的原子當中。今天的世界人口已經超過 80 億，沒有他的成果，我們就無法餵養這麼多人口。

然而他的程序極其耗能，必須將氮壓縮並加熱到巨大的壓力和溫度，消耗了世界百分之二的能量輸出。

肥料並不是哈伯唯一關注的事項。身為日耳曼民族主義者，他在第一次世界大戰期間熱心支持德國軍隊，而氮分子中儲存的能量可以運用來創造出維持生命的肥料，也可以用來製造致命的爆裂物。（就連業餘恐怖分子也知道這個程序。一枚肥料炸彈，只需讓普通肥料浸飽燃油，就能夷平整棟公寓大樓。）因此，哈伯利用他的加工程序的另一類副產品，硝酸鹽，來為德國的龐大戰爭機器做出貢獻，製造出能奪走許多無辜生命的爆裂性化學武器和毒氣。

所以，諷刺的是，這位以化學專長擴充了世界人口的人士，也奪走了成千上萬無辜者的性命。他也被稱為化學戰之父。

然而他的生活中也有悲劇性的一面。他的妻子是位和平主義者，她後來自殺了，起因有可能是為了抵制他從事化學戰和毒氣研究。儘管他投入數十年支持政府和德國軍隊，然而到了 1930 年代，他也受了席捲全國的反猶太主義浪潮波及。雖然他是名皈依基督教的猶太人，最後他仍然離開了國家，到其他地方尋求庇護，並於 1934 年因身體虛弱去世。到了二戰期間，納粹軍隊就會在集中營中使用由哈伯開發和完善的氰化氫毒氣——齊克隆（Zyklon），殺害了許多他的親戚。

ATP：大自然的電池

迫切希望運用量子電腦來解決問題，把低效能哈伯—博施法替換掉的科學家們意識到，他們必須認識自然界的固氮做法。

為了破壞氮鍵，哈伯的方法是從外部施加高溫和巨大的壓力。也因此這門手法的效能才這般低落。但自然界在室溫下，不需要高溫熔爐和壓縮機就能做到這點。為何一棵不起眼的花生植株能做到通常必須有龐大化工廠才能完成的事項？

在自然界中，基本的能量來源存在於一種稱為 ATP（腺苷三磷酸）的分子中，這是生命的動力機，自然的電池。每當你屈曲肌肉、呼吸或消化食物，你都在利用 ATP 的能量來為你的組織提供燃料。由於 ATP 分子十分基本，因此它幾乎見於所有的生命形式當中，這表明它在數十億年前就已經演化出現。沒有 ATP，地球上的大部分生命都要死亡。

理解 ATP 分子之祕密的關鍵在於分析其結構。這種分子由三個依循鏈狀排列的燐酸基組成，每個基團由一顆燐原子和四周的氧及碳圍繞共組而成。分子的能量儲存在最後一個燐酸基中的一顆電子中。當身體需要能量來進行生物功能時，它就會動用最後一個基團中那顆電子所儲存的能量。

分析植物中的固氮程序時，化學家發現了必須有 12 個 ATP 分子來提供能量，才能打破單一 N_2 分子。這裡我們馬上看得出問題所在。通常，原子就是一個接一個地相互碰撞。如果我們有好幾顆原子與好幾顆其他原子碰撞，我們就會發現這必須分階段進行，因為原子並不是同時相互碰撞，而是循序依次進行的。因此，ATP 分解 N_2 的過程會經歷許許多多的中間步驟。

在自然界中，要駕馭 12 股出自隨機碰撞的 ATP 分子能量，有可能需要多年時間。顯然，這個過程太慢，無法孕育出生命。所以，必須以一系列的捷徑來大大加速這個歷程。

量子電腦或許能夠幫助解開這個謎題。它們可以在分子層級上解析這個歷程，或許還能改進固氮程序或找到替代程序。

正如 *CB Insights* 雜誌所指出的：「使用當今的超級電腦來找出製造氨的最佳催化配方，會需要數百年才能求出解答。然而，一台強大的量子電腦，可以更有效地分析不同的催化配方——這是模擬化學反應的另一種應用方式——並幫助找到一種製造氨的更好方法。」[1]

催化：大自然的捷徑

科學家們相信，關鍵在於一種稱為催化作用的現象，這或許可以用量子電腦來分析。催化作用就像個旁觀者，它不直接參與化學程序，但只要它在場，就能促進反應。

通常，身體內的化學反應非常緩慢，有時候會需要很長久的時間。不過偶爾會有一些神奇的事情發生，加速了這些程序，使它們在瞬間完成。這就是催化劑的作用。就固氮作用方面有種稱為固氮酶（nitrogenase）的催化劑。就像一位指揮家，它的作用是協調多項必要步驟，好讓氮與 12 個 ATP 分子結合，從而得以打破三重鍵。因此，固氮酶是創造第二次綠色革命的關鍵。但遺憾的是，我們的數位電腦太過原始，無法破解箇中機密。然而，量子電腦就有可能完全適合這項重要任務。

像固氮酶這樣的催化劑以兩個階段發揮作用。首先，它們將兩種反應物聚集在一起。催化劑和反應物就像拼圖一樣，可以拼合讓兩個反應物結合在一起。其次，反應所需的能量，稱為活化能（activation energy），有時對反應物來說太高，導致無法彼此交互作用。然而，催化劑降低了活化能，使反應得以進行。接著反應物就可以結合，生成新的化學物質，同時催化劑也得以保持原樣。

要理解催化劑如何工作，可以想像一個媒人，試圖把有可能住在兩座不同城市的潛在伴侶牽連在一起。通常，這兩人純粹隨機相遇的機會極小，因為他們在完全不同的圈子裡活動，距離相隔遙遠。但媒人可以跟雙方聯繫，將他們聚集在一起，大大提增了他們之間發生一些事情的機會。體內幾乎所有重要的化學程序都是由某種催化劑調節完成。

現在，我們來介紹一個量子媒人，他知道有時需要推動這對伴侶，使他們彼此牽連在一起。例如，也許一方害羞、沉默寡言或緊張，有些事情妨礙了他們打破僵局。換句話說，他們必須克服一個活化屏障，才能展開他們的關係。這就是量子媒人的作用，打破僵局或幫助他們跨越將他們分開的障壁。這就稱為穿隧，這是量子理論的一個詭異特徵，可以跨越看似無法突穿的障壁。穿隧也就是像鈾這樣的放射性元素能夠放射輻射的理由，因為輻射藉由穿隧跨越了核障壁並來到外界。放射性衰變的過程加熱了地球的中心，驅動了大陸漂移。所以，當你看到巨大的火山爆發時，你也正在目睹量子穿隧的威力。同樣地，ATP 分子也可能神奇地「隧穿」這個能量障壁，完成化學反應。

此外，我們也會看到，幾乎所有促成生命的關鍵反應都需要催化劑，而且生命本身的起源，說不定也得歸因於量子力學。

可惜的是，固氮酶和氮的固定程序十分複雜，就算有穩定的進展，速度卻異常緩慢。儘管科學家如今已經擁有一幅完整的固氮酶分子相貌圖示，但它是如此複雜，於是也沒有人確切知道它是如何運作的。這整個程序十分繁瑣，數位電腦要破解箇中奧祕是毫無指望的。這正是量子電腦可以大顯身手的地方，它能夠填補使這一切成為可能的所有步驟。

一家投入探究這項雄心勃勃計畫的公司是微軟。繼該公司在 Xbox 等商業項目上取得成功之後，微軟一直在尋找風險較高，但潛在利益也更高的項目。早在 2005 年，微軟就對量子電腦這類的前瞻性計畫深感興趣。當時，微軟成立了一家名為「量子站」（Station Q）的公司，專門研究固氮作用和量子計算等問題。

「我認為我們處於一個轉折點，從研究走向開發。」微軟量子計畫的企業副總裁托德・霍姆達爾（Todd Holmdahl）說。「要想對世界有重大影響，你就必須承擔一定的風險，而我認為，現在我們有機會做到這一點。」[2]

他很喜歡將這與電晶體的發明相提並論。在那時候，物理學家絞盡腦汁努力設想他們的發明能有什麼實際用途。一些人認為，電晶體只適合用來在海上發送信號給船隻。相同道理，微軟的量子電腦的創建成果——《紐約時報》把它比擬為「科幻作品」——或許也會以意想不到的方式來改變社會。

微軟是迫不及待要解決固氮問題的公司之一。他們已經投入使用第一代量子電腦來檢視看能不能揭開這個程序的奧祕。其影響相當深遠，有可能激發第二次綠色革命，並以較低的能源成本來養活爆炸性增長的世界人口。未能做到這一點就可能釀成災難性的副作用，正如我們所看到的，或許會導致暴動、饑荒和戰爭。

最近，微軟遇上了一次挫敗，他們的拓撲量子位元實驗有些結果不如預期，不過對量子電腦的真正信徒而言，這只是個小小的波折。

事實上，Google 的執行長皮查伊最近便稱，他認為量子電腦有可能在十年內改進哈伯法。[3]

量子電腦將在許多方面對這項重要化學程序的分析產生關鍵作用：

- 量子電腦可以為固氮酶內種種成分求解波方程式，一顆顆原子逐個釐清這個複雜程序。這就有助於闡明固氮過程中的許多缺失步驟。
- 它們或可執行虛擬測試，看看除了蠻力手段或催化方式之外，能不能以其他種種不同方式來破壞 N_2 鍵。
- 它們可以模擬以代用品來替換種種原子和蛋白質的可能結果，看看能不能以不同的化學物質使固氮程序效能更高、能耗更低而且汙染更少。
- 量子電腦可以測試種種不同的新式催化劑，看看它們能不能加速程序。
- 量子電腦或可測試各具不同蛋白質鏈布局的不同版本固氮酶，看我們能不能改進其催化性能。

所以若是微軟和其他公司能解開固氮的奧祕，結果就可能對我們的糧食供應產生巨大的影響。但科學家對量子電腦有其他的夢想。他們不只想要解答高效能糧食生產的問題，還想了解能量的本質。量子電腦能解決能源危機嗎？

第九章
為世界灌注能量

乍看之下，人們可能會猜想 20 世紀工業巨頭湯瑪斯・愛迪生（Thomas Edison）和亨利・福特（Henry Ford）會是死對頭。畢竟，愛迪生是孜孜不倦推動工業和社會電氣化的驅動力量。擁有 1,093 項專利的他，以許許多多如今我們視之為理所當然的眾多發明，徹底改變了我們的生活方式，而這些發明都以電力推動。相形之下，福特則是靠以化石燃料為動力的 T 型車賺進了數百萬美元。他幫助建立了現代以石油為本的工業基礎設施。在他看來，燃燒石油和汽油將會驅動未來。

事實上，愛迪生和福特是好朋友。事實上，年輕時的福特崇拜愛迪生。隨後多年期間，他們還會一起度假，享受彼此的陪伴。他們之所以變得這麼親密，或許是由於他們都憑藉堅強的意志創建了世界級的公司。

愛迪生和福特會藉由打賭來消磨時間，下注賭哪種能源會驅動未來。愛迪生看好電池，而福特則相信汽油。就任何聽到這場賭注的人看來，這是一件毫無懸念的事情。人們肯定會歸結認定愛迪生能輕易獲勝。電池安靜又安全。相形之下，石油很吵鬧、有毒，甚至很危險。每隔幾個街區就設一處加油站的想法根本荒誕不經。

在許多方面，石油的批評者都是正確的。內燃機排放的廢氣會引發呼吸系統疾病並加速全球暖化，而且汽油動力的汽車依然很吵。

然而最終贏得賭注的卻是福特。

為什麼這樣呢？

首先，電池儲存的能量只是每加侖汽油儲存能量的一小部分。（最好的電池每公斤可以儲存約兩百瓦特小時的能量，而汽油則能儲存一萬兩千瓦特小時。）當中東、德克薩斯州和其他地方發現龐大油田時，汽油的價格隨之暴跌，於是汽車也變得連普通美國工人也買得起。

人們開始忘記愛迪生的夢想。效率低落、笨重又動力不足的電池，競爭不過針對渴求能量的民眾而設計的高辛烷值廉價燃料。

由於摩爾定律以廉價的電腦運算能力革新了世界經濟，因此我們往往傾向於假定一切都遵循這條定律。於是當我們見到電池動力效率落後了幾十年，心中不免要感到困惑。我們忘記了摩爾定律只適用於電腦晶片，而類似為電池提供動力的那些化學反應，卻是出了名的難以預測。針對能提增電池效率的新化學反應提出預測是一項重大挑戰。

未來，與其辛勤地測試數百種不同化學物質在電池中的表現，倒不如以量子電腦來模擬它們的性能，這種做法會遠更迅速又廉價。就像有可能幫助披露光合作用或自然固氮作用祕密的模擬做法，或許「虛擬化學」有一天也可能會取代化學實驗室中的艱苦嘗試錯誤。

太陽能革命？

提高電池性能的挑戰蘊含了巨大的經濟影響。早在 1950 年代，未來學家就宣稱，我們的住家有一天會由陽光供電。遼闊的太陽能電池陣列，輔以強大的風力發電機，將捕捉太陽和風的能量，提供廉價、可靠的能源。免費的能源，那是當時的夢想。

然而，現實卻展現了不同的風貌。過去幾十年間，可再生能源的成本確實下降了，然而速率卻是緩慢得令人心焦。太陽能時代的到來，始終比大家的預期都更緩慢。

部分問題在於現代電池的限制。當太陽不照耀，風也不吹時，可再生能源的電力就會降到零。可再生能源鏈鎖中的薄弱環節是儲存——如何儲存能量以備不時之需。儘管隨著我們系統性地將矽晶片微型化，電腦的速度便呈指數增長，但電池電力的增長，只在我們發現新的效率或甚至新的化合物之時才會發生。目前，電池仍然使用上個世紀已知的化學反應。如果能製造出具有更高效率和功率的超級電池，也就可能大大加速轉型程序，踏向無碳能源未來並遏制全球暖化。

電池的歷史

回顧過去，我們會發現電池的歷史在幾個世紀期間以極其緩慢的龜速進展。在遠古時代，人們早已熟知，如果走過地毯，觸摸門把時就可能受到電擊。但這只是個有趣現象，直到1786年，歷史才被改寫。當時物理學家路易吉・伽伐尼（Luigi Galvani）用一塊金屬摩擦青蛙的斷腿，結果他驚訝地發現，青蛙腿會自行抽動。

這是個關鍵性的發現，因為科學家現在就可以證明，電力可以驅動我們的肌肉運動。科學家瞬間意識到，我們不必訴諸什麼神祕的「生命力」，就能解釋無生命物體如何變得有生命。電力是理解我們的身體如何在沒有靈魂的情況下運動的關鍵。但是，這些在電力方面的突破性研究，也激發了他的一位勇敢的同事。

1799年，亞歷山卓・伏打（Alessandro Volta）製造了第一種電池，並展示了他能創造出一種化學反應來重現這種作用。在實驗室內按需求創造出電力是一項轟動的發現。消息迅速傳開，宣揚現在可以隨心所欲產生出這種奇特的動力。

然而，令人遺憾的是，兩百多年來，電池幾乎都沒有太大改變。最簡單的電池由兩根金屬棒或電極組成，兩個電極分別置放於分開的杯中。在這兩個杯子中，裝有一種稱為電解質的化學物質，這種物質讓化學反應得以發生。兩個杯子由一根管子相連，離子可以沿著管子從一個杯子流向另一個。

由於電解質中的化學反應，電子從一個稱為陽極的電極流出，並轉移到另一個稱為陰極的電極。電荷的運動需要平衡，所以當帶負電的電子從陽極流向陰極時，正電荷的離子也會沿著電解質連接管移動。這些電荷的流動便產生了電力。

這種基本設計幾個世紀以來都沒有改變。改變的主要是種種不同組件的化學成分。化學家不厭其煩地實驗不同的金屬和電解質，好讓電壓最大化或提增其能量含量。

由於普遍認為電動車沒有什麼市場，也就沒有什麼改進這項技術的壓力。

鋰電池革命

在戰後時代，電池技術是個相對被忽視的領域。由於對電動車和便攜式電子設備的需求相對較少，進展停滯不前。然而，對於全球暖化的關注提高和電子市場的爆炸性增長，引燃了電池技術的新研究。

由於汙染和全球暖化的威脅，民眾要求採取行動。隨著對汽車行業轉向電動車的壓力增加，發明家急切地研發更強大的電池。電池逐漸能夠與汽油競爭。

其中一個成功的故事是鋰離子電池的問世，它在市場上掀起一股熱潮。鋰離子電池見於幾乎一切型式的電子設備，包括手機、電腦，甚至大型噴射客機都有。它們之所以如此普及，是由於它們擁有所有可用電池當中最高的能量容量，卻又輕便、緻密、可靠並且效能很高。這是數十年研究的成果，經過艱苦分析了數百種不同的化學物質來了解其電氣特性。

鋰離子電池的便利性來自於鋰原子的特性。查看元素週期表，我們就會看到，鋰是所有金屬中重量最輕的，這對於需要輕量化的汽車和飛機電池來說非常重要。

我們還看到它有三顆電子環繞原子核運行。頭兩顆電子填滿了原子的最低能量層級，即1S殼層，因此第三顆電子位於較高的軌域上，與原子核的結合較為鬆散，使得它很容易被移除並為電池提供能量。這是鋰電池如此容易產生電流的原因之一。

總結來說，鋰離子電池具有一個由石墨製成的陽極、一個由氧化鋰鈷製成的陰極，以及一種由乙醚製成的電解質。鋰離子電池的影響具有高度革命性，於是好幾位貢獻完善這項技術的科學家，共同獲頒諾貝爾化學獎，包括：約翰・古迪納夫（John B. Goodenough）、M・史丹利・惠廷安（M. Stanley Whittingham）和吉野彰（Akira Yoshino）。

然而，鋰離子電池有個不理想的特徵是，儘管它們擁有市場上所有電池中最高的能量密度，但它們依然只擁有汽油所儲存能量的百分之一。如果我們要進入無碳時代，我們就需要一種能量密度接近化石燃料對手的電池。

超越鋰離子電池

由於鋰離子電池在現代社會中無處不在而且成就了輝煌的商業成功，因此目前湧現了一股尋找下一代電池的替代品或改進方案的熱潮。同樣地，工程師依賴受限於他們的嘗試錯誤門路。

其中一種候選技術是鋰空氣電池。與其他完全密封的電池不同，鋰空氣電池允許空氣流入。來自空氣的氧與鋰交互作用，釋出電池的電子（並生成過氧化鋰）。

鋰空氣電池的主要優勢在於其能量密度是鋰離子電池的十倍，因此其能量密度逐漸接近汽油的水平。（這是由於氧來自免費的空氣，並不是必須儲存在電池內部。）

儘管鋰空氣電池的能量密度大幅提升，但一系列技術問題仍然阻礙了這種卓越電池的實際應用。特別是，它的使用壽命只有約兩個月。對這項技術抱持信心的科學家相信，藉由以種種不同化學物質進行實驗，或許就能夠解決這當中的許多技術問題。

2022 年，日本國立研究開發法人物質 · 材料研究機構（National Institute for Materials Science）與投資公司軟銀集團（SoftBank）合作，公布了一種前景看好的新型鋰空氣電池，其能量密度遠高於標準鋰離子電池。然而箇中細節依然並不明朗，無法獲知他們是否克服了這項前景可期的技術眼前所面臨的系列問題。

擁有電動車的一個持續困擾是給電池充電所需時間，這可能需要幾個小時到一天。因此，另一項正在探求的技術是超核電芯（SuperBattery），這是一款由骨架科技（Skeleton Technologies）和德國卡爾斯魯爾理工學院（Karlsruhe Institute of Technology）共同開發的混合系統，有指望能在短短 15 秒內為電動車充電。

就一方面，它使用了一款標準型鋰離子電池。但其新穎之處在於，這款超核電芯將鋰離子電池與電容器結合，來縮短充電時間。（電容器儲存靜電。最簡單的形式是由兩片平行的極板組成，一片帶正電，另一片帶負電。電容器的主要優勢在於，它們能夠儲存電能並迅速放電。）利用超級電容器來實現快速充電也吸引了其他公司。特斯拉最近收購了馬克士威科技（Maxwell Technologies）來探索這門途徑。因此，這種混合式技術已經上市，並有指望能大幅提高擁有電動車的便利性。

由於潛在的回報非常可觀，許多有進取心的團體正在積極開發鋰離子電池的後繼技術。其中包括以下實驗性技術：

- 納華科技（NAWA Technologies）宣稱該公司運用奈米技術的超快碳電極（Ultra Fast Carbon Electrode），能夠將電池功率提升達十倍，並將使用壽命延長至五倍。他們聲稱，電動車的續航里程可以達到一千公里，充電時間則僅需五分鐘即可達到百分之八十容量。

- 德州大學的科學家聲稱，他們能夠去除電池所含的一種最不受歡迎的成分——鈷。鈷既昂貴又有毒，他們聲稱可以用錳和鋁來取代它。
- 中國電池製造商蜂巢能源（SVOLT）宣布，他們也能夠把他們的電池中的鈷替換掉。他們聲稱能夠將電動車的續航里程提高到八百公里，並改進電池的壽命。
- 東芬蘭大學（University of Eastern Finland）的科學家開發了一種兼採矽和碳奈米管的混合式陽極的鋰離子電池，並聲稱這就能夠提高電池的性能。
- 另有一支團隊也投入研究矽，那是加州大學河濱分校的科學家，他們使用了基本的鋰離子電池，只除了將石墨陽極替換為矽質。
- 澳洲莫納許大學（Monash University）的科學家已經將鋰離子電池替換成一款鋰硫電池。他們聲稱，他們這種電池可以為智慧手機提供五天的電力，或為電動車提供一千公里的續航里程。
- IBM 研究院（IBM Research）及其他機構正在研究如何以海水來替換鈷、鎳等有毒元素，甚至取代鋰離子電池本身。IBM 聲稱，海水電池還更便宜，並且擁有更高的能量密度。

儘管鋰離子電池正在逐步改進當中，然而兩百年前由伏打引入的基本策略依然伴隨我們。期望量子電腦能夠讓科學家得以促使這個程序系統化進展，讓實驗變得更便宜、更有效率，也好讓數以百萬計的實驗都能夠採虛擬方式來進行。

問題在於，電池內部的複雜化學反應並不依循任何如同牛頓力學這樣的簡單定律。但量子電腦或許能夠完成這些繁重的計算，模擬複雜的化學反應而不必實際去執行它們。

毫不意外地，汽車產業正在投資量子電腦，看能不能以純數學來設計出超級電池。超高效能電池可以解決阻滯太陽能時代的主要瓶頸：電力的儲存。

汽車產業與量子電腦

汽車業界有一家公司看出量子電腦能夠徹底改變其行業，那就是擁有梅賽德斯—賓士的汽車巨頭戴姆勒。早在 2015 年，戴姆勒就創建了量子計算倡議（Quantum Computting Initiative）專案，要隨時掌握這個快速變化領域的進展。

來自梅賽德斯—賓士北美研發部門（Mercedes-Benz Research and Development）的本・博瑟（Ben Boeser）說：「這是一項非常以研究為導向的活動，關注距今十到十五年後的發展，但我們希望在新宇宙開創之際，能夠了解其基礎原理——而我們這家公司也希望能成為其中的一部分。」[1] 戴姆勒重視量子計算技術不僅只是出自科學上的好奇心，他們還想從中分得一杯羹。

戴姆勒的線上雜誌的編輯霍爾格 ‧ 莫恩（Holger Mohn）指出，除了發現新的電池設計之外，量子計算技術還有其他哪些好處。他寫道：「它可能成為發現更高效能新技術的最佳方法，模擬空氣動力學造型來提高燃油效率和乘坐舒適性，或者優化具有繁多變量的製造過程。」[2] 2018 年，戴姆勒組建了一個頂尖工程師網絡，協同 Google 和 IBM 密切合作，投入開發解決這些棘手問題所需的技術。他們已經在撰寫代碼並上傳到雲端，好讓自己熟悉量子計算技術。

例如，空氣動力學的基本方程是眾所周知的。但是，與其操作昂貴的風洞測試來減弱汽車的空氣摩擦，不如將汽車置於「虛擬風洞」當中還更便宜又更方便，也就是在量子電腦的記憶體中測試汽車設計的效率。這樣就可以快速分析來減少阻力。

空中巴士目前正使用量子電腦來創建虛擬風洞，用來計算他們的飛機在爬升和下降時的最省油路徑。而福斯汽車也正在使用這項技術來計算公共汽車和計程車在交通壅塞城市中的最佳行駛路徑。

自 2018 年以來，BMW 一直在使用漢威聯合公司的最新量子電腦來解決許許多多的問題。他們正在探究的幾個方向包括：

- 創造出更好的汽車電池

- 確定安裝電動充電站的最佳位置
- 找出效率更高方法來採購用來納入 BMW 汽車的各類零件
- 提升空氣動力性能和安全性

特別是，BMW 正在尋求利用量子電腦來幫助優化計畫項目，亦即在提高性能的同時也降低成本。

但量子電腦不僅只適用於在不破壞環境的情況下創造出更新、更便宜、更強大的電池和汽車。量子電腦最終還可能拯救我們擺脫自古以來困擾人類的可怕絕症的風險。現在就讓我們來探討量子電腦如何在醫學領域掀起一場革命。

青春之泉，與其說那是傳說中能夠帶來永生的泉源，說不定結果卻發現，那正是一台量子電腦。

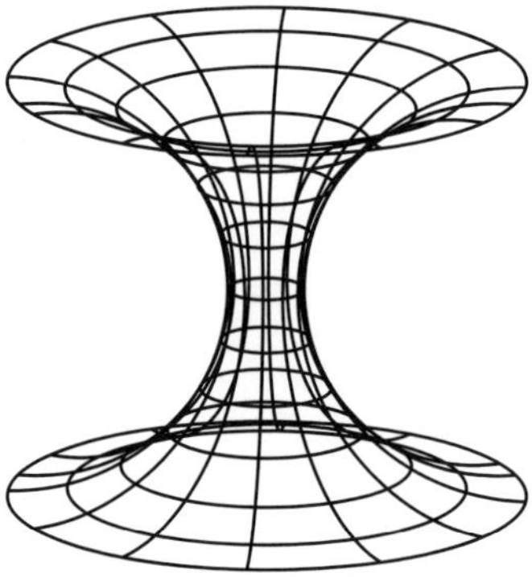

第三篇

量子醫學

第十章

量子保健

你能活多久？

在人類歷史大半期間，人類的平均壽命徘徊在 20 到 30 歲之間。生命往往短暫又活得慘淡，人們經常生活在對下一場疫病或饑荒的恐懼之中。

聖經和其他古代文獻中，充滿了對瘟疫和疾病的敘述。後來，這些故事中又滿是孤兒和邪惡的繼母，因為父母經常活得不夠長久，沒辦法撫養自己的孩子。

令人遺憾的是，縱觀歷史，醫生大多不過就是江湖郎中，他們自命不凡地開出「根治療法」，卻往往讓患者病情加重。富人僱用得起私人醫生，那些人小心翼翼地守護自己那些毫無用處的藥劑，而窮人經常在骯髒、擁擠的醫院中貧困地死去。（這一切由法國劇作家莫里哀

〔Molière〕在滑稽劇《冒牌醫生》〔*Le Médicin Malgré Lui*〕中以諷刺風格描繪了出來，劇中一個貧農被誤認為是位著名的醫生，於是他使用華麗花俏的虛構拉丁文來提供愚蠢的醫療建議，騙倒了所有人。）

然而，幾次歷史性的進步延長了我們的預期壽命。首先是衛生條件的改善。古代城市曾經是腐爛食物和人類排泄物的汙水坑。人們經常會直接把垃圾扔到街上。古代城市的道路經常像個惡臭的障礙賽道，也是疾病的溫床。然而到了 1800 年代，市民譴責這類不衛生狀況，從而導致下水道系統的建立和衛生條件的改善，消除了許許多多致命的水傳播疾病，這或許便讓我們的平均壽命延長了 15 到 20 年。

下一場革命肇因於 1800 年代席捲全歐大陸的血腥歐洲戰爭。當時有大量士兵作戰時受了開放性重傷而死去，於是國王和君主們敕令，凡是真正能有效治癒的療法都可以得到皇室獎勵。突然之間，雄心勃勃的醫生們不再只是試圖以無用的配方來取悅富有的贊助人，而是開始發表文章，公布實際有助於患者的療法。醫學期刊開始蓬勃發展，記錄基於實驗證據的進步，而不再只是基於作者的聲望。

秉持醫生和科學家的這種新的取向，舞台布置妥當，為抗生素和疫苗等革命性進展闢出了道路，最終便戰勝了許多致命的疾病，也使平均壽命再延長了大概 10 到 15 年。更好的營養、外科手術、工業革命以及其他因素也促進了壽命的增長。

於是目前許多國家的平均壽命已經達到 70 多歲。

不幸的是，許多現代醫學的突破主要是運氣的因素，並不是精心的設計。找到這些疾病的根治措施完全不是系統性的歷程，這些發現主要是僥倖而來的。

例如，1928 年，亞歷山大 · 弗萊明（Alexander Fleming）無意中見識了麵包黴菌微粒可以殺死長在培養皿中的細菌，同時他也掀起了醫療保健領域的一場革命。醫生不再只能無助地看著患者死於常見疾病，現在他們就可以提供抗生素，如青黴素，這是人類歷史上首次能真正治愈患者的藥物。不久之後，針對霍亂、破傷風、傷寒、結核病以及其他許多疾病，也都出現了抗生素。然而，這類根治措施大多數都是藉由嘗試錯誤才發現的。

抗藥性病菌的興起

抗生素十分有效，因此經常被開立，結果現在病菌也開始反擊。這並不是個學術問題，因為抗藥性病菌是當今社會面臨的主要健康問題之一。曾經被消滅的致命疾病，好比結核病，如今慢慢回歸生成毒性高強又無藥可醫的形式。這些「超級病菌」通常對最新的抗生素免疫，致使一般大眾無法抵抗它們。

此外，隨著人類擴展進入先前未曾探索且無人定居的地區，我們也不斷接觸到新的疾病，面對這些疾病我們是沒有免疫力的。因此，還有大量未知疾病等待出現並感染人類。

有些人認為，在動物身上大規模使用抗生素，加速了這種趨勢。例如，牛群成為抗藥性病菌的滋生地，因為農民有時會過量使用抗生素來提高牛奶和食品的產量。

由於這些疾病有可能回歸並生成比以往更強的形式，因此迫切需要研發出價格合理，能符合成本效益的新一代抗生素。可惜的是，過去 30 年間，始終不曾開發出新類型的抗生素。從前我們父母使用的抗生素，和今天我們使用的，基本上是相同的。一個問題是，要篩選出少數有前景的藥物，首先就必須嘗試數千種化學物質。使用這些方法開發一類新的抗生素的成本約為 20 億至 30 億美元。

抗生素的作用原理

借助現代科技，科學家逐漸推演出某些類型的抗生素是如何運作的。比如，青黴素和萬古黴素會干擾一種名為肽聚糖的分子生成，這種分子對於細菌細胞壁的形成和加固至關重要。因此，這些藥物會導致細菌的細胞壁瓦解。

另一類藥物叫做喹諾酮（quinolone），這會打亂細菌的繁殖化學，導致 DNA 無法正常運作，從而無法繁殖。

還有一類藥物，包括四環黴素（tetracycline），則會干擾細菌合成一種關鍵蛋白質的能力。而另一類藥物則阻止細胞產生葉酸，進而干擾細菌控制化學物質流過細胞壁的能力。

既然有這些進展，為什麼還會出現瓶頸呢？首先，這些新型抗生素的開發需要很長的時間，通常超過十年。這些藥物必須經過嚴謹的測試，來確保安全性，這是個耗時又很昂貴的歷程。而經過十年的艱苦努力之後，最終的產品往往無法支付開銷。對於許多製藥公司來說，最重要的考量是，銷售必須足以彌補製造這些藥物投入的成本。

量子醫學的角色

問題在於，就像電池設計從伏打時代以來一直沒有太大變化，基本策略從弗萊明時代以來也同樣如此。基本上，我們仍然在培養皿內盲目地測試各種候選物質對細菌的作用。如今，運用自動化、機器人學和機械化生產線，我們可以模擬弗萊明一百年前開創的基本方法，並同時讓成千上萬個裝有不同疾病的培養皿暴露於有指望的藥物當中。

從那以來，我們的策略向來都是：

測試有指望的物質→確定物質是否殺死細菌→辨識作用機制

量子電腦有可能徹底顛覆這個程序，加速尋找新型救命藥物的進程。它們強大到有一天說不定能系統性地引導我們找到摧毀細菌的新方法。與其投入漫長歲月在不同藥物上耗費數十年時光，我們或許能夠在量子電腦的記憶體中快速設計出新的藥物。

這就意味著要顛倒策略順序：

辨識作用機制→確定物質是否殺死細菌→測試有指望的物質

例如，如果能在分子層次上解開這些抗生素殺死細菌的基本機制，或許就可以利用這些知識來創造新的藥物。這就意味著，首先，你得從你想要的機制開始，例如瓦解細菌的細胞壁，然後使用量子電腦來確定如何找到細菌細胞壁的弱點，從而達成這個目標。接著，你測試能執行這項功能的不同藥物，最後專注於真正能有效對付細菌的那少數藥物。

例如，用傳統電腦來模擬青黴素分子會面臨重大的挑戰。這需要 10^{86} 位元的電腦記憶體，遠遠超過任何數位電腦的能力。不過這是在量子電腦的能力範圍之內。因此，藉由分析藥物的分子行為來發現新藥物，可以成為量子電腦的主要目標。

殺手病毒

同樣地，現代科學已經能夠運用疫苗來對抗病毒，但也只能達到一定的效果。疫苗是藉由刺激人體的免疫系統來間接對抗病毒，並不是直接攻擊病毒，因此在治療由病毒誘發的疾病方面，進展一直比較緩慢。

歷史上最要命的殺手之一是天花，單是從 1910 年以來，它已經奪走了三億人的性命。天花在古代就已經為人所知。人們還知道，如果一個人得了天花並康復，那麼他們的痂就可以研磨成粉，並經由健康的人皮膚的破口施用。如此一來，後面那個人就能對這種疾病免疫。

1796 年，這項技術在英國得到改進並成功應用。醫生愛德華・詹納（Edward Jenner）以與天花相似的牛痘來做實驗，他從感染牛痘康復的擠牛奶女工身上取出膿液，然後將膿液注射到健康個體身上，這些個體隨後對天花產生了免疫力。

從那時開始，疫苗已經被用來對抗許許多多過去無法治癒的疾病，如小兒麻痺、乙型肝炎、麻疹、腦膜炎、腮腺炎、破傷風、黃熱病以及其他眾多狀況。數千種潛在疫苗都可能具有治療價值，然而若是不了解人體免疫系統在最細微層級的運作原理，要想全部測試這些疫苗是不可能的。

與其逐一實驗測試每種疫苗，不如在量子電腦中「測試」它們。這種方法的妙處在於，新疫苗的搜尋作業可以快速、廉價有效率地完成，無須進行混亂、耗時又昂貴的試驗。

在下一章中，我們會著眼探討量子電腦如何能夠改造和增強我們的免疫系統，保護我們免受癌症和目前無法治癒的疾病，好比阿茲海默症和巴金森氏症的侵害。但首先，量子電腦還有一種方法能夠幫助我們抵禦下一次全球性大流行病毒。

冠狀病毒疫情

要理解量子電腦的威力，可以考量Covid-19疫情悲劇。截至目前，這場疫病已在美國奪走了約一百萬人的生命，並使全球數十億人陷入經濟困境與痛苦之中。然而，量子電腦能夠提供一套早期預警系統，在病毒引發全球性大流行之前，偵測到新興的病毒。

據信，所有疾病中有百分之六十根源自動物界。因此，新病原體有十分龐大的儲備量，這些都有可能引發種種新式疾病。隨著人類文明擴展侵入原本未開發的區域，我們也接觸到了新的動物和牠們的疾病。

例如，透過遺傳分析可以確定，流感病毒主要根源自鳥類。許多流感病毒出現在亞洲，因為那裡的農民從事一種稱為多元農牧（polyfarming）的生產模式，這讓人類與豬和鳥類近距離生活。儘管病毒根源自鳥類，但豬通常會吃掉鳥糞，而人類再食用豬肉。因此，豬就像是個混合容器，將鳥類和豬的DNA結合並生成新的病毒。

同樣地，愛滋病病毒可以追溯到猿猴免疫缺乏病毒（simian immunodeficiency virus, SIV），這種病毒會感染靈長類動物。科學家運用遺傳研究結果推測，1884年到1924年間某個時候，非洲有個人食用了靈長類動物的肉，於是該病毒與人類的DNA結合，最終產生了可以侵襲人類的人類免疫缺乏病毒（HIV），就此孕育出了SIV的一個變異品種。

隨著交通運輸的進步，全球旅行愈益頻繁，加速了疾病的傳播，就像中世紀時期鼠疫的傳播一樣。歷史學家已經追蹤確認古代航海家採行了哪些路徑在不同城市間航行，從而將鼠疫傳播到遙遠的海岸。藉由比對船隻在某個港口停靠的時間與疾病爆發的日期，我們就能看出鼠疫如何在中東和亞洲蔓延，並從一座城市傳播到另一座。如今，噴射客機能在幾小時內跨越大陸傳播疾病。

因此，另一起由國際噴射旅行引發肆虐全球的疫病大流行，也只是時間的問題。

但因為基因體學的長足進展，科學家在 2020 年得以在區區幾週期間就對 Covid-19 的基因物質完成定序。這讓科學家得以開發出能刺激人體免疫系統著手攻擊病毒的疫苗。但這只是調整人體自身的免疫系統來抵禦病毒。真正缺少的是一種能夠擊敗這種致命病毒的系統性手法。

早期預警系統

量子電腦有多種方式可以幫助制止下一次大流行病的發生。最起碼，我們需要一套能夠實時檢測病毒出現的早期預警系統。從 Covid-19 新變種出現的那個時刻開始，先期警報總是需要好幾週時間才能發出。在這段期間，病毒有可能在未被察覺的情況下滲入人類生態系統。幾週的延宕有可能讓病毒傳播侵染數百萬人。

有種追蹤疫情的方法就是將感測器放置在全球各地的下水道系統中。透過分析汙水，尤其是在人口稠密的都市地區，可以輕易檢測出病毒。快速抗原檢測可以在大約 15 分鐘內發現病毒爆發增生。然而，源自數百萬處下水道系統的數據，很容易就會讓數位電腦全面停擺。至於量子電腦就十分擅長分析浩瀚數據並撈出大海中那根針。目前，全國各地已經有些社區在下水道系統中安裝了感測器來作為一種早期預警系統。

另一種早期預警系統由康沙公司（Kinsa company）展示，該公司製造了連上網際網路的溫度計。藉由檢視全國各地的發燒狀況，我們就可以發現重大異常現象。例如，在 2020 年 3 月，美國南部的醫院接到成千上萬人感染新病毒的奇特報告。許多人因此死亡，醫院不堪負荷。

有一種理論認為，2020 年 2 月底在紐奧爾良舉辦的懺悔星期二（Mardi Gras）是一起超級傳播事件，讓成千上萬毫無防備的人接觸到了病毒。果不其然，當分析緊接懺悔星期二之後的溫度計讀數時，可以看到南部患者體溫突然上升。遺憾的是，當時醫生缺乏應付這種新型致命病毒的經驗，在懺悔星期二結束幾週過後，才終於向醫界發出疫情警報。由於識別病毒出現重大延宕，導致許多人因此喪命，這場病毒的出現令醫療機構完全措手不及。

未來，隨著浩瀚的醫療設備（好比溫度計和感測器）網絡連上網際網路，人們或有可能取得由量子電腦分析後提供的全國即時溫度讀數。只需簡單地瞥一眼全國地圖，就能看到哪裡出現熱點，代表潛在新一輪超級傳播事件。

另一種建立早期預警系統的方法是運用社群媒體，因為這些媒體比其他任何東西都更能即時反映全國發生的情況。例如，未來的運算法可以專注於網路上異常的發文內容。如果有人開始說「我不能呼吸」或「我聞不到氣味」，這些異常的短語或許就能以量子電腦篩檢出來。接著，醫護人員就可以追蹤這些事件，研判那是不是傳染性疾病引起的。

同樣地，量子電腦或許能夠在病毒爆發之際即時偵測得知。或許將來可以研發出能夠偵測在空氣中飄蕩的病毒懸浮微粒的感測器。在疫情初期，政府官員曾堅定地表示，與他人保持一點五公尺相隔距離，就足夠防範病毒傳播。他們聲稱，傳播主要是藉由咳嗽和打噴嚏產生的大顆粒飛沫來完成。

如今則認為，這有可能是不正確的。實際的病毒研究顯示，打噴嚏噴出的懸浮微粒可以將病毒攜帶超過六公尺。事實上，現在認為，病毒傳播的主要方式之一是透過交談時產生的懸浮微粒。當你待在室內，坐在旁邊的人開口唱歌、吟誦或大聲說話超過 15 分鐘，這就會成為加速病毒傳播的一種途徑。

因此，在未來，若能在室內安裝一組感測器網絡來偵測空氣中的懸浮微粒，然後將結果發送至量子電腦進行分析，就可以從這海量的資訊中篩檢出下一次大流行的早期警示信號。

解譯免疫系統

疫苗已經證明，人體自身的免疫系統是對抗傳染病的強大防禦力量。然而，科學家對它的實際運作方式知之甚少。

我們仍在學習有關於免疫系統的驚人新知。例如，科學家現在已經明白，許多疾病並不是直接攻擊人體。1918 年西班牙流感奪走的人命超過第一次世界大戰的致死人數。不幸的是，當時的病毒樣本並沒有保存下來，因此很難分析這種病毒並判定它是如何奪命。然而，幾年前，科學家得以前往北極，檢查死於那種病毒，後來保藏於永凍土中的的患者遺體。

他們發現了有趣的事情。這種疾病並不直接殺死受害者。它實際上是過度刺激了人體自身的免疫系統，導致免疫系統開始向體內大量釋放危險的化學物質，以期殺死病毒。這種細胞介素風暴最終殺死了病人。所以，主要的致死因素其實是免疫系統失控。

類似的情況也見於 Covid-19。當人們被送進醫院時，他們的情況起初可能看起來並不那麼嚴重。然而到了疾病的晚期，當細胞介素風暴發作時，氾濫體內的危險化學物質最終就會導致器官衰竭。如果未經處置，往往就會釀成死亡。

未來，量子電腦有可能提供對免疫系統分子生物學前所未聞的洞見。這有可能提供多種方法來關閉或調低免疫系統，以免在嚴重感染時殺死自己。下一章我們還會更詳細地討論免疫系統。

Omicron 變異病毒

量子電腦也可能在確定病毒變異特性方面發揮關鍵作用。例如，Covid-19 的 Omicron 變異株在 2021 年 11 月左右出現。其基因組經定序之後，立即引發了警報。它具有 50 項突變，導致它比 Delta 變異株更具傳染性。但科學家無法明確判定這些突變會使它變得多麼危險。這些突變是否使病毒棘蛋白（spike protein）得以更快進入人類細胞，從而對人類造成重大危害？他們只能靜待發展。未來，量子電腦或許可以藉由分析病毒棘蛋白的突變來確定病毒的致命性，而不是忐忑不安等待數週，期盼情勢不要惡化。

只要能夠了解病毒的結構，或許我們就能預測這種種病毒的發展進程。當前的數位電腦過於簡陋，無法模擬像 Omicron 這樣的病毒如何攻擊人體。不過一旦我們了解病毒的精確分子結構，或許我們也就能夠運用量子電腦來模擬病毒對人體的具體影響，從而事先得知它是多麼危險以及如何應付它。

幸運的是，我們這邊也有演化佐助。許多曾經殺死大量人類性命的古老疾病，例如 1918 年西班牙流感病毒，有可能依然存在，不過是以突變形式留存下來，變成地方性流行病而非大流行瘟疫。根據演化理論，不同的病毒株之間會相互競爭。因此，自然界有種演化壓力讓病毒更具傳染性，這樣才能超越競爭對手。因此，每一代的突變，都可能比前一代更具傳染性。但如果你殺死了太多的人，那麼你就沒有足夠的宿主來繼續傳播。因此也另有種降低病毒致命性的演化壓力。

換句話說，為了持續待在循環中，許多病毒會演化成更具傳染性但致命性較低的形式。因此，我們可能需要學會與冠狀病毒共存，不過那是致命性較低的形式。

未來

抗生素和疫苗是現代醫學的基礎。然而，抗生素通常是藉由嘗試錯誤才找到的，而疫苗只會刺激免疫系統生成抗體來抵抗病毒。因此，現代醫學的一個目標是開發新型抗生素，另一個目標是理解人體的免疫反應，也就是我們對抗病毒以及歷來最大殺手之一，癌症的第一道防線。若是我們能夠使用量子電腦來破解免疫系統的相關謎團，那麼我們也就能找到防治方法來應付部分最棘手的不治之症，例如某些形式的癌症、阿茲海默症、巴金森氏症和肌萎縮性脊髓側索硬化症。這些疾病在分子層級上造成損害，只有量子電腦才能釐清並協助對抗。在下一章中，我們將探討量子電腦如何披露有關於我們免疫系統的嶄新洞見，最終並予強化。

第十一章

基因編輯和治癒癌症

在 1971 年，美國尼克森總統大張旗鼓宣布了「對癌症宣戰」（War on Cancer）。他宣稱現代醫學最後就會終結這項重大災難。

然而，多年之後，歷史學家評量這項努力，判決很明確：癌症贏了。是的，在對抗癌症上，藉由手術、化療和放射治療確實取得了一些漸進突破，然而癌症死亡數字仍然居高不下。癌症依然是美國僅次於心血管疾病的第二大致命疾病。2018 年，就全球範圍，癌症奪走了 950 萬人的性命。

「對癌症宣戰」的根本問題在於，科學家並不知道癌症究竟是什麼。有關於這種可怕的疾病是由單一因素誘發的，或者是肇因於飲食、汙染、遺傳、病毒、輻射、吸菸等多種混合因素，或者單純由於倒霉，就此始終存在激烈的爭議。

幾十年過後，基因學和生物技術的進步終於揭示了答案。在最基本的層級上，癌症是我們的基因的一種疾病，不過它可以由環境毒素、輻射和其他因素——或者單純的倒霉——所觸發。事實上，癌症根本不是一種疾病，而是我們的基因發生的數千種不同類型的突變。現在有形形色色的不同癌症都會導致健康細胞突然增生並殺死宿主。

癌症是種極其多樣化又很普遍的疾病。在數千年老的木乃伊身上也找得到它。有關癌症的最古老醫療記載可以追溯到西元前 3000 年的埃及。但癌症不只見於人類身上。它遍布整個動物界。在某種意義上，癌症是我們在地球上擁有複雜生命型式所付出的代價。

要創造出一種複雜的生命型式，牽涉到數以兆計的細胞依序進行複雜的化學反應，當新細胞生成時，某些細胞就必須死亡，由新生細胞取而代之，這樣身體才能成長和發育。嬰兒的許多細胞終究必須死亡，才能為成年細胞的到來闢出道路。這就意味著細胞在遺傳上被編程為必須死亡，犧牲自己來創造出新的複雜組織和器官。這就稱為細胞凋亡（apoptosis）。

雖然這種細胞凋亡是身體健康發育的一部分，但有時錯誤會意外關閉這些基因，導致細胞漫無止境地繁殖並失控增生。這些細胞無法停止繁殖，就這層意義上，癌細胞是永生的。事實上，這就是為什麼癌症會殺死我們，因為它們會不受控地生長來形成腫瘤，最終便截斷了維繫生命的身體機能。

換句話說，癌細胞是忘了如何死亡的普通細胞。

癌症的形成往往需要多年或數十年的時間。例如，倘若你小時候曾經嚴重晒傷，數十年後就有可能在那相同部位長出皮膚癌。這是由於癌症的形成需要不止一次突變。一般而言，累積出現好幾次突變會需要數年或數十年歲月，於是最終這就會讓細胞失去對繁殖的控制能力。

然而如果癌症對性命的危害這麼高，為什麼演化沒有藉由自然汰擇在數百萬年前就消除這些缺陷基因呢？答案是，癌症主要都是在我們過了生育年齡之後才擴散的，因此消除癌症基因的演化壓力會比較小。

我們有時候會忘記，演化是藉由自然汰擇和機運來進行的。因此，儘管孕育生命的分子機制確實令人讚嘆，不過它們是經過數十億年嘗試錯誤隨機突變的副產品。因此，我們不能指望我們的身體能夠針對致命疾病發起完美的防禦行動。考慮到癌症涉及的突變數量之多，或許得動用量子電腦才可能從這批海量資訊中篩檢出癌症的根本原因。量子電腦非常適合用來對付這種展現多樣混雜相貌的疾病。到頭來它們就有可能為我們提供一個全新的戰場，據此來對抗像癌症、阿茲海默症、巴金森氏症、肌萎縮性脊髓側索硬化症等無法根治的疾病。

液體生檢

我們怎麼知道自己是否得了癌症？可惜的是，很多時候我們是無從得知的。癌症的徵兆有時很含糊或者很難察覺。例如，等腫瘤形成之時，或許已經有數十億顆癌細胞在體內生長。發現了惡性腫瘤之時，你的醫師幾乎立即就會建議動手術、做放療或化療。然而，有時候這已經太遲了。

但如果你能在腫瘤形成之前做檢測並發現異常細胞，從而制止癌症的擴散呢？量子電腦有可能在這類措施中發揮關鍵作用。

如今前往診所做例行檢查時，我們有時會接受驗血檢查，或許接著就能拿到一份明晰的健檢報告。然而，往後卻有可能出現癌症的明顯跡象。這時或許你就會問，為什麼簡單的驗血卻檢測不出癌症？

這是由於我們的免疫系統通常是無法偵測出癌細胞的。它們在雷達偵測範圍之外活動。癌細胞並不是可以輕易被免疫系統識別的外來入侵者。它們是我們自己的細胞變壞了，可以逃避被發現。因此，分析免疫反應的驗血是看不出體內有癌症的。

不過早在一百多年前就已經知道，癌症腫瘤會釋出細胞和分子進入體液。例如，癌細胞和分子有可能在血液、尿液、腦脊液，甚至是唾液中被檢測出來。

不幸的是，這只有在你體內已經有數十億顆癌細胞增生之時才可能檢測得出。到了那個階段，通常就會需要動手術來切除腫瘤。不過晚近以來，遺傳工程學終於使我們能夠檢測出在我們的血流或其他體液中漂蕩的癌細胞。有朝一日，這種方法或許就會變得足夠靈敏，得以檢測出區區數百顆癌細胞，也讓我們有好幾年時間得以在腫瘤形成之前採取行動。

不過直到最近幾年，普通人才有可能建立起癌症的早期預警系統。一個很有指望的研究途徑被稱為液體生檢（liquid biopsy），這是種快速、方便並且具有多種用途的癌症檢測方法，有可能在癌症檢測領域掀起一場革命。

郭靜仁（Liz Kwo）和珍娜・阿倫森（Jenna Aronson）便在《美國管理式醫療期刊》（*American Journal of Managed Care*）中寫道：「近年來，癌症液體生檢這種革命性篩檢工具的臨床發展，已經帶來了巨大的樂觀情緒。」[1]

目前，液體生檢可以檢測出多達 50 種不同類型的癌症。未來，常規醫生診斷或許最終就能夠在情況變得致命之前提早數年檢測出癌症。

未來，甚至你家浴室裡的馬桶也可能足夠靈敏，能夠檢測出癌細胞、酶和基因在你體液中流動的跡象，使癌症不再比普通感冒更為致命。每次你上廁所時，你或許也就在不知不覺間接受了癌症檢測。「智能馬桶」有可能成為我們的第一道防線。

雖然數以千計的不同突變都會導致癌症，但量子電腦可以學會辨識它們，從而讓簡單的驗血就能夠檢測出繁多可能的癌症。或許，我們的基因組可以接受每日或每週一次的解讀，並由遠端的量子電腦來予掃描，以發現任何有害突變的跡象。這並不是癌症的治療方法，但它能防止癌症擴散，讓它不再比普通感冒更危險。

許多人問一個簡單的問題：「為什麼我們不能治癒普通感冒？」

其實我們可以。但是，由於有超過三百種鼻病毒（rhinoviruses）可以引起感冒，並且它們還不斷突變，因此開發三百種疫苗來對付這個不斷移動的目標是毫無意義的。我們只能和它共存。

這或許就是癌症研究的未來。往後罹患癌症不會再被當成判了死刑，最終這或許只會被看成一種麻煩。由於有這麼多癌症基因，為所有這些種類開發治療方法有可能不切實際。但是如果我們能在它們擴散之前數年，當它們還只是數百顆癌細胞組成的小型群落之時，就以量子電腦檢測出來，那麼也就有可能制止它們的進展。

換句話說，在未來，我們說不定總是身染癌症，卻或許很少會有人因此喪命。

嗅聞癌症

另一種早期發現癌症的方法有可能是使用感測器來偵測癌細胞散發出的微弱氣味。有朝一日，說不定你的手機會安裝了對氣味很敏感的附件，並連接上雲端的量子電腦，或許這就不只可以抵禦癌症，還可以防範其他種種不同的疾病。量子電腦將分析全國數百萬台「自動機鼻子」得出的結果，從而在萌芽階段扼殺癌症。

分析氣味是種經過驗證的診斷技術。例如，已經有犬隻奉派在機場檢測冠狀病毒。若是採用聚合酶連鎖反應（PCR）典型病毒檢定有可能需要幾天時間，不過以經過專門訓練的狗，牠們可以在約十秒鐘內完成百分之九十五的準確識別。目前這種方法已經被用於赫爾辛基機場等地進行乘客篩檢。

有些狗受了訓練能夠識別肺癌、乳癌、卵巢癌、膀胱癌和攝護腺癌。事實上，狗嗅聞患者的尿液樣本來檢測攝護腺癌的成功率達到百分之九十九。在一項研究中，狗能夠以百分之八十八的準確度檢測乳癌，並以百分之九十九的準確度檢測肺癌。

原因在於牠們擁有兩億兩千萬個鼻腔嗅覺受器，而人類只有五百萬個。因此，牠們的嗅覺準確度凌駕人類許多倍。牠們的嗅覺敏銳度高得能夠檢測出濃度兆分之一的溶液，這就相當於在 20 個奧林匹克規格的游泳池中檢測出一滴液體。而牠們腦中專門用於分析氣味的區域，也比人類腦中的相應部位大上許多。

不過這裡有個侷限，訓練一隻狗來識別冠狀病毒或癌症，會需要好幾個月的時間，而且這類經過專門訓練的犬隻數量很有限。我們能不能用自己的技術來做這類分析，並且達到可以挽救數百萬生命的規模？

911 事件發生過後不久，我應邀參加了一家電視公司舉辦的一場討論未來技術的專題午餐會報。我有幸坐在一位來自美國國防高等研究計畫署（DARPA）的官員旁邊，這是五角大樓轄下一個以發明未來技術著稱的機構。DARPA 具有眾多輝煌的成功故事，好比航太總署、網際網路、自駕汽車以及匿蹤轟炸機。

於是，我向他提出了一個長年困擾我的問題：為什麼我們無法開發出能夠檢測爆裂物的感測器？狗能輕鬆完成我們最高明機器無法實現的壯舉。

他停頓了一下，然後慢慢向我解釋了狗與我們的最先進感測器之間的差異。事實上，DARPA 確實仔細研究了這個問題，並注意到狗的嗅覺神經敏銳得甚至能讓牠們嗅出某些氣味的單顆分子。我們在最高明實驗室中開發出的人工感測器，達不到那樣的靈敏度。

那次交談幾年之後，DARPA 舉辦了一場比賽，看看實驗室能不能創造出像狗鼻子一樣的自動機鼻子。

有一位聽說了這項挑戰的人是麻省理工學院的安德烈亞斯・梅爾辛（Andreas Mershin）。他對於狗具有近乎奇蹟的本領，能夠偵測出種種不同疾病和病痛深感著迷。梅爾辛首次對這個問題產生興趣，是在他研究膀胱癌檢測之時。當時有隻狗堅持認定某位病人罹患癌症，即便那人已經多次接受檢測，也經判定並沒有癌症。情況有點不對勁。那隻狗始終不改變立場。最終，那位患者同意再次接受檢測，結果發現他罹患了非常早期階段的膀胱癌，而這在標準實驗室檢測中是偵測不出來的。

梅爾辛希望能夠複製這種令人驚嘆的成就。他的目標是創造出一種「奈米鼻」，這種裝置擁有能夠檢測出癌症和其他病痛的微型感測器，接著還能藉由你的手機來向你發出警示。今天，麻省理工學院和約翰霍普金斯大學的科學家，已經開發出了靈敏度兩百倍於狗鼻子的微型感測器。

然而，由於這項技術仍處於實驗階段，分析一份尿液樣本的癌症檢測費用約為一千美元。不過梅爾辛設想，有朝一日這項技術就會如同手機中的相機一樣普及。由於資料量極為龐大，分別從數億台手機和感測器湧入，唯有量子電腦有辦法處理這份資料寶藏。接著它就可以運用人工智慧來分析信號，找出任何癌症標記，並將資訊發送回來給你，說不定還是在腫瘤形成之前好幾年就先辦到。

未來說不定會有多種方法可以毫不費力地靜默地檢測癌症，防止它釀成嚴重威脅。液體生檢和氣味檢測器或許能夠將數據發送給量子電腦，接著由它來辨識眾多不同類型的癌症。事實上，「腫瘤」這個詞有可能在日常用語中消失，就像我們不再談論「放血」或「水蛭」一樣。

不過倘若癌症已經形成了呢？量子電腦能不能幫忙治癒已經開始攻擊身體的癌症？

免疫療法

目前，就檢測出的癌症至少有三種主要的治療方法：手術（切除腫瘤）、放射治療（用X射線或粒子射束殺死癌細胞）和化學治療（毒殺癌細胞）。但隨著基因工程的出現，一種新的治療方法正逐漸普及使用：免疫療法。這種治療方式有好幾個版本，但總體而言，它們全都試行招募身體自身的免疫系統來協助治療。

前面談過，癌細胞不幸並不會輕易被人體的免疫系統識別出來。例如，T 細胞和 B 細胞都經編程來識別並消滅類別數量龐大的外來抗原，然而癌細胞並不屬於白血球能夠識別的抗原列表。因此，它們能在我們免疫系統的偵測範圍之外活動。關鍵在於如何採人為方式來增強我們自身免疫系統的能力，使其能夠辨識並攻擊癌細胞。

其中一種方法是對癌症基因組進行定序，於是醫生就能精確了解所研究的癌症類型及其發展情況。下一步，從我們的血液中提取白血球，同時針對癌細胞的基因進行處理。癌細胞的遺傳資訊會經由一種（已經被去除致病性的）病毒嵌入白血球中。白血球就這樣完成重新編程，可以辨識這些癌細胞。最後，這些經過重新調校的白血球就被注射回體內。

迄今為止，就攻擊進入晚期並擴散到全身的無法治癒的癌症方面，這種方法顯現出了極高潛力。有些患者已經被告知病情沒有指望了，卻突然之間戲劇性地看到癌症消失。

免疫療法已經在膀胱癌、腦癌、乳腺癌、子宮頸癌、結腸癌、直腸癌、食道癌、腎癌、肝癌、肺癌、淋巴癌、皮膚癌、卵巢癌、胰臟癌、攝護腺癌、骨癌、胃癌以及白血病的處置派上用場，並且取得了程度不等的成功。但這有不足之處。這種方法只適用於部分癌症，但癌症種類數以千計。此外，由於白血球的基因經過人工改造，有時候這些改造並不完美，有可能會引發不良副作用。事實上，這些副作用有時甚至是致命的。

不過量子電腦或許能夠幫助完善這種療法。最終，量子電腦說不定就能夠分析大量原始數據，來辨識出每顆癌細胞的遺傳資訊。像這樣的艱鉅使命會讓傳統電腦難以負荷。全國每個人的基因組，每個月都會被多次讀取，藉由分析他們的體液，悄悄完成高效率的檢測。每個人的完整基因組都會被定序，記錄下每人超過兩萬個基因。然後，這些數據就會被拿來與先前研究過的數千種可能的癌症基因進行比對。要分析這些原始數據，必須動用規模龐大的量子電腦基礎設施。不過這會帶來重大的好處：削弱這種恐怖殺手的力量。

免疫系統的悖論

關於免疫系統，長久以來始終有個未解之謎。為了讓身體摧毀入侵的抗原，它必須首先能夠辨識這些外敵。由於可能存在的病毒和細菌類型為數無窮，免疫系統是如何區分危險的與友好的種類呢？倘若先前從未見過某種疾病，它又是如何區辨好壞呢？這就彷彿警察知道，在一群先前不曾見過的人群當中該逮捕誰一樣。

乍看之下，這似乎是不可能的。原則上，疾病有無窮無盡的不同類型，目前並不清楚免疫系統是如何能夠神奇地找到正確的目標。

然而，演化已經設計出一種巧妙的方法來解決這道問題。例如，B 白血球含有從它的細胞壁突出的 Y 形抗原受體。白血球的目標是要將它的 Y 受體的先端與危險的抗原鎖定，這樣就可以把它摧毀或者標記供日後摧毀。這就是它如何辨識具有威脅性抗原的做法。

當白血球誕生時，Y 受體先端與特定抗原相匹配的遺傳密碼是隨機混合的。這是關鍵。因此，原則上身體有可能遇上的代碼，幾乎全都包含在種種不同的隨機 Y 受體內，好壞都一樣。（為了理解少量胺基酸如何創造出大量的遺傳密碼，我們可以考慮一種假設的例子。首先我們從人體的 20 種不同胺基酸入手。假設我們創造出一條由十個胺基酸組成的鏈，每個空位各有 20 種可能的胺基酸。那麼，總共就有 $20 \times 20 \times 20 \times ... = 20^{10}$ 種可能的胺基酸隨機布局。比較這個數字與 B 細胞受體實際上可能出現的大約 10^{12} 種不同組合。這個天文數字包含了它有可能遇上的幾乎所有可能的抗原。）

然而，一旦 Y 受體全部隨機化了，含有自體胺基酸遺傳密碼的受體，就會逐漸被移除。只剩下包含了危險抗原遺傳密碼的 Y 受體。藉由這種方式，就算 Y 受體遇上了先前不曾見過的危險抗原，它們仍會發動攻擊。

這就像警察試圖在大批群眾中找出一名罪犯。首先，警察會排除所有已知無辜的民眾，然後警察就知道罪犯有可能就在其餘人群當中。

由於我們是生活在充滿億萬無形無影細菌和病毒的汪洋當中，這套系統的運作效果好得令人驚訝。然而，有時它仍是會產生反效果。例如，有時在刪除見於體內的遺傳密碼時，身體並沒有把它們消除乾淨。結果，有些好密碼遺留了下來，成為免疫系統攻擊的目標。換句話說，如果警方並沒有把所有無辜人士的嫌疑紀錄全部刪除，那麼當需要審問嫌疑犯時，部分無辜者也會被列入嫌疑名單。

這就意味著身體會開始攻擊自己，導致形形色色的自體免疫性疾病。或許這就是為什麼我們會有類風濕性關節炎、狼瘡、第一型糖尿病以及多發性硬化症等疾病。

有時情況剛好相反。免疫系統不僅移除了好密碼，還意外消除了某些壞密碼。這樣一來，免疫系統就無法識別危險的密碼，而那是有可能引發疾病的。

這是偶爾會發生在某些癌症類型的情況，這時身體也就無法識別帶有錯誤基因的抗原。

識別危險抗原的整個歷程完全就是種量子力學程序。數位電腦無法再現這組必須在分子層級展現，才能讓免疫系統妥善運作的複雜事件序列。不過量子電腦就或許強大到足以逐一拆解分子，披露免疫系統如何完成這種神奇作用。

CRISPR

量子電腦結合了一項名為「規律間隔成簇短回文重複序列」（clustered regularly interspaced short palindromic repeats, CRISPR）的新技術之後，它的治療應用很可能就會大幅提增。這項技術讓科學家得以剪切和貼上基因。量子電腦可以用來辨識和分離複雜的遺傳疾病，而 CRISPR 則有可能用來治療這些疾病。

回顧 1980 年代，基因療法——也就是修復破損基因的療法——曾經引發極高度熱情。已知至少一萬種遺傳疾病侵染人類。當時有一種信念，認為科學能讓我們改寫生命的密碼，糾正大自然的錯誤。甚至有人談論，基因療法或許還能夠強化人類，從基因層級提高我們的健康和智力水平。

早期研究大半都集中探討一個容易解答的標的：應付由基因組中少數幾個字母拼寫錯誤所引發的遺傳疾病。例如，鐮刀型細胞貧血（侵染許多非裔美國人）、囊腫性纖維化（影響許多北歐人）以及泰—薩克斯病（Tay-Sachs，影響猶太人）都是由我們基因組中一個或幾個字母拼寫錯誤所引發的。當時有人期望，只須簡單地改寫我們的遺傳密碼，醫生就能夠治癒這些疾病。

（由於通婚，這些遺傳疾病在歐洲的皇室家族中十分普遍，因而歷史學家還曾寫到它們甚至影響了世界歷史。英格蘭國王喬治三世患有一種遺傳病導致他發瘋。歷史學家推測，他的瘋狂有可能促成了美國革命。此外，俄羅斯尼古拉二世的兒子患了血友病，皇室家族認為只有神祕的拉斯普京〔Rasputin〕能夠治療他。致使君主制陷入癱瘓，延遲了必要的改革，而這或許就間接促成了1917年俄國革命。）

這些基因工程試驗與免疫療法的操作方式雷同。首先，將所需的基因嵌入一種無害的病毒當中，該病毒已被修改，無法攻擊其宿主。然後便將病毒注射到患者體內，使患者感染所需基因。

不幸的是，併發症很快就出現了。例如，身體經常會辨認出病毒並對它發動攻擊，從而讓患者蒙受不良副作用。針對基因治療的許多期許在 1999 年遭遇重創，當時有一名患者在試驗後死亡。資金開始枯竭，研究計畫被大幅縮減，試驗遭重新審查或終止。

然而，晚近當研究人員開始仔細觀察大自然如何應付病毒的攻擊之時，他們取得了一項突破。我們有時會忘記，病毒不只攻擊人類，還會攻擊細菌。因此，醫生提出了一項簡單的問題：細菌是如何防禦病毒的侵襲？令他們驚訝的是，細菌在數百萬年來已經找到方法來切割入侵病毒的基因。如果病毒試圖攻擊細菌，細菌有可能會反擊，接連釋出大批化學物質，從精確定點切割病毒的基因，從而制止感染。這一組強大的機制被分離出來，作用於必要定點並切斷病毒的遺傳密碼。伊曼紐 • 夏彭提耶（Emmanuelle Charpentier）和珍妮佛 • 道納（Jennifer Doudna）獲頒 2020 年諾貝爾獎，表彰她們為完善這項革命性技術做出的開創性成果。

這個程序向來被比擬為文書處理。在舊時代，打字機必須一個個字母逐一繕打，這是種艱苦又容易出錯的程序。然而隨著文字處理器的問世，我們就得以編寫程式，讓人們得以移除和重新排列部分內容來編輯整篇手稿。同樣地，或許有一天，CRISPR 技術也可以在遺傳工程學派上用場，這項技術在過去幾年期間取得了優劣不等的成果。這將為遺傳工程學敞開防洪閘門。

基因療法的一個特定目標有可能是 p53 基因。發生突變時，這個基因便與大約一半常見癌症連帶相關，如乳癌、結腸癌、肝癌、肺癌以及卵巢癌。這個基因特別容易癌變的原因之一，或許是由於它是一個特別長的基因，於是它的許多段落都有可能發生突變。它是個腫瘤抑制基因，這讓它在制止癌症增長方面變得至關重要。因此，p53 常被稱為「基因組的守護者」。

然而，當 p53 基因發生突變時，它就成為人類癌症中最常見的潛在基因之一。事實上，特定部位的突變，往往與特定的癌症相關聯。例如，長期吸菸者通常會在 p53 基因的三個特定突變點上發展出癌症，這或許可以用來證明這個人的肺癌很可能就是香菸煙霧引起的。

未來，利用基因療法和 CRISPR 技術上的進展，人們或許就能夠利用免疫療法和量子電腦來修復 p53 基因中的拼寫錯誤，從而治癒許多形式的癌症。

我們記得免疫療法有副作用，包括在極少數情況下有可能導致患者死亡。部分原因是癌症基因的切割和拼接並不精確。例如，p53 是個非常長的基因，因此在切割這個基因時出錯有可能是常態。量子電腦或許能夠幫助紓解這些致命的副作用。它們或有可能解碼並標繪出某個癌細胞基因中分子的圖像。然後 CRISPR 或許就可以在精準定點正確切割基因。因此，結合基因療法、量子電腦和 CRISPR 技術，有可能以最終極精確度來切割和拼接基因，從而減輕致命副作用的問題。

CRISPR 基因療法

克拉拉 ・ 費爾南德斯（Clara Rodríguez Fernández）在歐洲生物技術網站（*Labiotech*）上寫道：「理論上，CRISPR 可以讓我們隨意編輯任何基因突變，治癒任何根源自遺傳因素的疾病。」[2] 涉及單一突變的遺傳疾病最先納入針對目標。她補充道：「由單一人類基因的突變所引發的疾病超過一萬種，就此 CRISPR 帶來希望，藉由修復這些疾病背後的任何基因錯誤就能治癒它們。」到未來，隨著技術的發展，由多次突變中多個基因所引發的遺傳疾病也可能納入研究範圍。

例如，以下是一些目前正以 CRISPR 來治療的遺傳疾病列表：

1. 癌症

賓夕法尼亞大學的科學家使用 CRISPR 成功移除了讓癌細胞迴避人體免疫系統的三個基因，接著他們添入了另一個基因，得以幫助免疫系統辨識腫瘤。那組科學家發現，這種方法就算用在晚期癌症患者身上也很安全。

此外，CRISPR 治療學正在對 130 名血癌患者進行測試。這些患者接受免疫療法，運用 CRISPR 來修改他們的 DNA。

2. 鐮狀細胞貧血症

CRISPR 治療技術公司（CRISPR Therapeutics）還從罹患鐮狀細胞貧血症的患者身上採集骨髓幹細胞。接著便以CRISPR來修改這些細胞，製造出胎兒血紅蛋白。隨後便將這些經過處理的細胞重新植入體內。

3. 愛滋病

少數人由於 CCR5 基因出現突變，生下來就對愛滋病具有天然免疫力。通常，這個基因製造的蛋白質，為愛滋病病毒進入細胞創造了一個入口。然而，在這些罕見的個體當中，CCR5 基因發生了突變，使得愛滋病病毒無法侵入細胞。對於沒有這項突變的人，科學家正在使用 CRISPR 人為編輯 CCR5 基因，好讓病毒無法進入他們的細胞。

4. 囊腫性纖維化

囊腫性纖維化是一種相對常見的呼吸系統疾病；患有這種疾病的人很少能活過 40 歲。這是 CFTR 基因的突變引起的。在荷蘭，醫生們使用 CRISPR 成功修復了這個基因，而且沒有引發副作用。另有其他團體，例如：埃迪塔斯醫療（Editas Medicine）、CRISPR 治療技術公司（CRISPR Therapeutics）和鹼基編輯治療技術公司（Beam Therapeutics）也計畫使用 CRISPR 來治療囊腫性纖維化。

5. 亨丁頓舞蹈症

亨丁頓舞蹈症（Huntington's disease）是種遺傳性疾病，往往會引發痴呆症、精神疾病、認知障礙和其他致殘症狀。據信，1692 年塞勒姆（Salem）審巫案中的一些婦女就是患了這種病。這種病是肇因於亨丁頓基因在 DNA 上重複出現所致。費城兒童醫院的科學家正在使用 CRISPR 來治療這種疾病。

就 CRISPR 而言，由少量突變引起的疾病，會是相對比較容易的目標，至於像思覺失調症這樣的疾病，就可能涉及大量突變，加上與環境的交互作用。這是為什麼有可能需要量子電腦的另一個原因。

要了解這些突變如何在分子層級上引發疾病，有可能需要量子電腦的全部運算能力。一旦我們知道某些蛋白質導致遺傳性疾病的分子機制，我們就可以修改它們或找出更有效的治療方法。

佩托悖論

但這也引出了關於癌症的一則悖論。牛津大學生物學家理查 ・ 佩托（Richard Peto）注意到大象有種奇怪的現象。由於牠們的體型龐大，人們預期牠們會比體型小得多的動物更容易罹患癌症。畢竟，較大的體積意味著更多的細胞在不斷分裂，增大了遺傳錯誤（如癌症）的可能性。但令人驚訝的是，大象的癌症發病率相對較低。後來這就稱為佩托悖論（Peto's paradox）。

當我們分析動物王國，到處都會看到這種現象。癌症的發病率往往與體重不成比例。後來發現，大象擁有 20 份 p53 基因的拷貝，而我們人類只有一份。據信，這些額外的 p53 基因拷貝能與另一個名為 LIF 的基因協同作用，賦予大象對抗癌症的優勢。因此，像 p53 和 LIF 這樣的基因，也就被認為能在大型動物中發揮抑制癌症的作用。

然而這有可能並非全貌。舉例來說，鯨魚只有一份 p53 和一個版本的 LIF，然而牠們的癌症發病率也很低。這就意味著，鯨魚或許擁有其他可以保障牠們免受癌症侵染，但尚未被科學家發現的基因。事實上，我們認為或許有許多基因都可以防範大型動物遭受癌症高發率荼毒。某些鯊魚也可能藉由演化獲得了一些遺傳優勢。俗稱格陵蘭鯊（Greenland shark）的小頭睡鯊可以活到五百歲，這可能是由一種尚未得知的基因促成的。

「期望藉由觀察演化如何找到預防癌症的方法，我們或能將這些發現轉化為更好的癌症預防措施。每一種演化出大型身體尺寸的生物對佩托悖論都有不同的解法。大自然中有大批尚待我們去發現的突破，從這裡，大自然讓我們見識了預防癌症的途徑。」卡洛・馬雷（Carlo Maley）這樣表示，[3] 他研究了動物界中的 p53 基因。而量子電腦有可能在發現這些神祕的抗癌基因方面發揮關鍵作用。

量子電腦有可能在抗癌戰爭中以多種方式幫上忙。有朝一日，液體生檢或許就能夠在腫瘤形成之前數年或甚至數十年先期檢測出癌細胞。事實上，有一天量子電腦或許就能夠建立一組浩瀚的全國基因體資料庫，利用我們的浴廁來掃描全人口，尋找癌細胞的最早期跡象。

但倘若癌症真的形成了，量子電腦就有可能讓我們的免疫系統得以進行修改，使之能夠攻擊數百種不同類型的癌症。把基因療法、免疫療法、量子電腦和 CRISPR 結合運用，或許就能夠以極高的分子精確度來切割和拼接癌基因，幫助減輕免疫療法往往會致命的副作用。再者，這些癌症中的絕大多數，或許只有諸如 p53 等少數幾種基因介入，因此，採行基因療法並結合量子電腦的嶄新洞見，或許就能夠在它們萌芽階段予以扼殺。

所有這些在癌症治療方面的突破，好比液體生檢和免疫療法，共同促使美國總統拜登（Joseph Biden）在 2022 年宣布了「抗癌登月計畫」（Cancer Moonshot），這是一項國家目標，要在未來 25 年間將癌症死亡率降低至少五成。考慮到生物技術的快速進步，這確實是個可以實現的目標。

儘管我們或許有能力運用這項技術，完全治癒為數愈來愈多的癌症，但我們依然有可能遭受某些形式的癌症侵襲，起因完全在於癌症的形成方式十分繁多。不過到了未來，我們或許就會像對待普通感冒那樣來處理癌症，就把它當成一種可以預防的小毛病。不過還有另一種強大的新技術組合，也可能為我們提供對抗疾病的防線，這部分我們會在下一章著眼探討。人工智慧和量子電腦也可能賦予我們創造出客製化蛋白質的能力，而這些蛋白質便構成了我們的身體。這些結合起來，或許就能讓我們有辦法治癒目前無法根治的疾病，並重塑生命本身。

第十二章
人工智慧和量子電腦

機器能夠思考嗎？

這是主導了 1956 年深具歷史意義的達特茅斯研討會（Dartmouth Conference）的重大問題，那次會議誕生了一個全新的科學領域，號稱「人工智慧」。會議一開始就提出了一項大膽的提案，內容宣稱：「打算進行一項嘗試，尋找如何讓機器使用語言、形成抽象思維和概念、解答種種目前專屬人類的種種疑問，並能自我改進。」他們預測「若有一群精挑細選的科學家共同工作一個夏天，就能取得重大進展」。[1]

許多個夏天過去了，一些世界上最優秀的科學家，依然埋頭研究這個問題。

那次研討會的領導者之一是麻省理工學院教授，被譽為人工智慧之父的馬文・明斯基（Marvin Minsky）。

當我請教他關於那段時期的情況時，他表示，那是段充滿激情的歲月。似乎在短短幾年之內，就有可能讓機器達到人類的智慧水平。或許這只是時間的問題，機器人總會通過圖靈測試的。

看來每年都有新的突破發生在人工智慧領域。數位電腦首次能夠玩西洋棋，甚至在簡單的遊戲中擊敗人類。還有能夠像小學生一樣解決代數問題的電腦。能識別並拾取積木的機械臂經設計問世。在斯坦福研究所（Stanford Research Institute），科學家們製造了抖抖（Shakey），那是一台安置在履帶上的箱形迷你電腦，頂部裝有相機。它可以被編程在房間內巡航並識別路徑上的物體。它能夠自行導航並避開障礙物。（它的名字來自於它在樓板上蹣跚行走時發出的噪音。）

媒體瘋了。他們高呼，機械人類就在我們眼前誕生了。科學雜誌的頭條預告家庭機器人的到來，它將能掃地、洗碗，讓我們擺脫家務負擔。有朝一日，機器人就會成為保姆，或甚至是忠誠的家庭成員。甚至軍方也掏出支票簿，資助用於戰場的機器人，好比智能卡車，有朝一日它就能獨自行駛、深入敵後執行偵察任務、救援傷兵，然後回到基地，一切都獨力完成。

歷史學家開始寫道，我們即將實現一個古老的夢想。希臘神祇兀兒肯創造了一支機器人隊伍在祂的城堡裡操持雜務。神話中打開魔盒，無意間給人類帶來了災難的潘朵拉，實際上就是兀兒肯創造的機器人。甚至博學多才的達文西，也在 1495 年製造了一台機械騎士，它能夠操控雙臂、站立、坐下，還會掀開面罩，全由一系列隱藏的纜繩和滑輪來操作。

但隨後「人工智慧寒冬」降臨。儘管有眾多激勵人心的新聞稿，人工智慧已被過度推銷給媒體，悲觀的烏雲籠罩大地。科學家開始意識到，他們的人工智慧裝置是只有單一功能的事物。它們只能完成一項簡單的任務。機器人仍然是笨拙的裝置，連在房間內四處移動都幾乎辦不到。要想創造出一台能夠與人類智慧相匹敵的萬能機器，看來是遙不可及。

軍方開始失去興趣。資金枯竭，投資客虧損慘重。從那時起，人工智慧經歷了幾次寒冬，繁榮與衰退的循環產生了澎湃的熱情和無恥的宣傳，隨後旋即崩潰。科學家不得不面對人工智慧比他們想像中更難發展的殘酷現實。

既然明斯基曾經那麼多次見證了人工智慧寒冬來來去去，於是我請教他，有關於機器人何時能夠達到或超越人類智慧水平方面，他有沒有任何預測。他微笑著告訴我，他已經不再對未來做這樣的預測了。他不再從事看水晶球的業務了。太多次了，他承認，人們讓自己的熱情牽著鼻子走。

問題在於，他告訴我，人工智慧的研究者受了他所稱的「物理學妒羨」（physics envy）的困擾，也就是渴望找到單一的、統一的、總括的主題來含納人工智慧。他說，物理學家尋覓單一的統一場論，期望能夠提出一幅相干的、優雅的宇宙圖像，然而人工智慧並不是這樣。人工智慧是個雜亂無章的補綴集合，裡面充斥了演化帶給我們的太多分歧的，甚至相互衝突的路徑。

新點子和新策略必須著眼探討。一條有指望的門路或許就是將人工智慧與量子電腦媒合起來，融合這兩門學科的力量，來解決人工智慧的問題。過去，人工智慧是與數位電腦緊密結合，但這也導致電腦能力受到令人沮喪的侷限。不過人工智慧與量子電腦是互補的。人工智慧有學習複雜新任務的能力，而量子電腦則可以提供所需的計算能力。

量子電腦或許擁有無與倫比的強大力量，但它不一定能從錯誤中學習。然而，配備了神經網絡的量子電腦，就能夠在每次迭代中改進其計算，於是它就能找到新的解決方案，從而得以更高速、更有效地解決問題。同樣地，人工智慧系統或許具備從錯誤中學習的能力，然而它們的總體計算能力可能太過弱小，無法解決非常複雜的問題。因此，配備了量子電腦計算能力的人工智慧，可以解決更困難的問題。

最終，人工智慧與量子電腦的結合，或許就能為研究開闢全新的門路。或許人工智慧的關鍵就在於量子理論。事實上，這雙方的整合或許就會徹底革新每個科學分支，改變我們的生活方式，並徹底改變經濟。人工智慧會讓我們有辦法創造出能夠模仿人類能力的學習機器，而量子電腦則或能提供最終創造出智慧機器的計算能力。

正如 Google 執行長皮查伊所說：「我認為人工智慧可以加速量子計算技術的發展，而量子計算技術也能加速人工智慧的進展。」[2]

學習機器

投入長期認真思考人工智慧未來的科學家當中，有一位是羅德尼・布魯克斯（Rodney Brooks），他曾在明斯基創辦的麻省理工學院人工智慧實驗室擔任總監。

布魯克斯認為，人工智慧的概念或許太過狹隘。例如，他告訴我，想想一隻蒼蠅。牠能夠執行巧妙的航空機動，凌駕我們的最精良機器。單憑牠自己，蒼蠅就能在房間裡靈活飛行，避開障礙物，尋找食物，找到配偶，並隱匿身形，就憑一個不比針尖大的腦子。這真的是生物工程的一項奇蹟。

這怎麼可能？大自然怎麼能創造出一架能讓我們的最先進飛機相形見絀的飛行機器？

他開始意識到，回顧 1956 年，人工智慧領域或許就問錯了問題。當時，我們假設腦子是某種類似圖靈機，或就是數位電腦的東西。你把西洋棋、走路、代數等的完整規則寫進一套巨大的軟體，然後把它嵌入數位電腦，突然之間，它就開始思考了。「思考」被簡化為軟體，因此基本策略很明確：編寫愈來愈複雜的軟體來指導機器。

我們回顧，圖靈機有一個處理器來執行被輸入的指令。它的智慧程度侷限於它執行的程式。所以，一台行走的機器人必須具備預先編程的完整牛頓運動定律，來指導它每一毫秒的肢體運動動作。這需要龐大的電腦程式，單單走過房間，就得用上數百萬行的電腦程式碼。

布魯克斯告訴我，直到那時，人工智慧機器都是以從頭就將所有邏輯和運動規則程式化的做法為基礎，結果發現這是一項艱鉅的任務。這就稱為自上而下的途徑，亦即從一開始就為機器人編寫出精通一切事務的程式。然而，以這種方式設計的機器人非常可悲。如果你把抖抖或者當時的先進軍用機器人擺進森林裡，它會怎麼做？很可能它就會迷路或翻倒在地。然而即使是最小的昆蟲，也能仰賴牠那微小的腦子在那片地帶快速移動，尋找食物、配偶和庇護所，而我們的機器人卻只能四腳朝天無助地掙扎。

這不是大自然設計生物的方式。

布魯克斯意識到，在自然界中，動物並不是從一開始就經編程來行走。牠們是艱苦學習，一步步往前走，跌倒，再做一次。嘗試錯誤是大自然的運作方式。

這讓人想起每位音樂老師對他們備受看好的學生所給的建議。你如何才能登上卡內基音樂廳？答案是：練習、練習、再練習。

換句話說，大自然設計了追求模式的學習機器，利用嘗試錯誤來探索世界。牠們犯錯，但隨著每次的迭代，牠們也愈來愈接近成功。

這是種自下而上的途徑，從四處碰壁開始。例如，嬰兒藉由模仿成人來學習。如果你在夜晚把錄音機擺在嬰兒床上，你就會聽到嬰兒不斷咿咿啞啞地發出聲音。事實上，他們正是在不斷地練習發出他們一再聽到的聲音，直到他們能夠正確地仿效出來。

基於這項洞見，布魯克斯創造出一批「類昆蟲」（insectoid）或「蟲形機器人」（bugbot）。它們依循大自然的心意，藉由四處碰壁來學習如何行走。不久之後，纖小的昆蟲狀機器人就在麻省理工學院的地板上爬來爬去，不斷碰撞東西，但比起遵循嚴格規則，卻蹣跚笨拙擦刮破壞壁紙的傳統機器人，它們還更聰明。為什麼要重新發明現成的輪子呢？

布魯克斯告訴我：「小時候我有一本書，內容把腦子描述成一組電話交換網絡。更早的書籍將腦子描述為一個液壓系統或蒸汽發動機。接著到了 1960 年代，腦子變成了一台數位電腦。1980 年代，它變成了一台大規模的並行處理數位電腦。如今在某處說不定有哪一本兒童書說腦子就像萬維網。」

所以，也許腦子實際上是一個尋求模式的學習機器，而其根本基礎則是所謂的神經網絡。在電腦科學中，神經網絡利用了所謂的赫布定律（Hebb’s rule）。這條定律的一個版本指出，藉由不斷重複一項工作並從之前的錯誤中學習，每次的迭代都會愈來愈接近正確的路徑。換句話說，人工智慧系統的腦子在反覆迭代之後，關於該事項的正確電氣路徑就會被強化。

例如，當一台學習機器嘗試辨識一隻貓時，它並不會被賦予貓的基本特徵的數學描述。實際上，它會見識到大量不同情境下的貓的圖片——睡覺、爬行、捕獵、跳躍等等。然後，電腦便藉由嘗試錯誤自行釐清貓在不同環境中的模樣。這就稱為深度學習（deep learning）。

深度學習途徑的成功相當引人注目。Google 的阿爾法圍棋（AlphaGo），是一款設計來玩圍棋這種古老棋戲的人工智慧，在 2017 年就得以擊敗世界冠軍。這是一項非凡的成就，因為在 19 × 19 的棋盤上，圍棋有 10^{170} 種可能的落子位置，這比已知宇宙中的所有原子還多。

阿爾法圍棋不只靠與人類棋手對壘來學習下棋，它還會自己對奕，以接近光速來走過一盤盤棋局。

常識問題

學習機器或神經網絡最終有可能解決人工智慧中的最棘手問題之一：「常識問題」。人類視為理所當然，甚至連小孩都能理解的事情，卻超出了我們最先進電腦的能力範圍。除非機器人能夠解決常識問題，否則它們就不可能在人類的社會中運作。

例如，數位電腦可能無法理解一組簡單的觀察結果，好比：

- 水是濕的，不是乾的

- 母親比她們的女兒年長
- 繩子可以拉，但不能推
- 棍子可以推，但不能拉

在一個下午期間，很容易就能寫下大批有關於我們世界中「顯而易見」的事實，然而這些卻又超乎數位電腦的理解範圍。這是由於電腦無法像我們一樣體驗這個世界。

兒童能學到這些常識真相是由於他們會碰觸到這些事物。他們藉由實踐來學習。他們知道母親比她們的女兒年長，因為他們從自己的經驗見證了這一點。但是機器人就像一塊白板，對它們的環境沒有任何既有的認識。

我們在討論自上而下途徑之時便曾提到，科學家曾嘗試將常識編程納入電腦的軟體。這樣就應該可以立刻讓電腦知道，如何在人類社會中因應行動並據以運作。然而，所有這樣的嘗試，最終都以失敗告終。因為常識概念實在太多了，這些就連四歲的小孩子都能理解，對於數位電腦來說，卻是難以企及的。

因此，也許自上而下與自下而上途徑的結合，以及人工智慧與量子電腦的結合，就能實現第一代人工智慧研究人員的夢想，並闢出通往未來的道路。

前面我們便已見到，隨著摩爾定律放緩，由於電晶體的尺寸接近原子級別，微晶片不可避免要被更先進的電腦取而代之，例如量子電腦。

就人工智慧方面，由於計算能力不足，其發展已經停滯。它的機器學習、模式識別、搜尋引擎和機器人學的能力，全都受了這個限制的束縛。由於量子電腦能夠同時處理大量的資訊，因此得以大幅加速這些領域的進展。數位電腦只能一個個位元逐一處理，而量子電腦則能夠同時處理大量的量子位元，從而以指數級數強化其運算能力。

因此，我們可以看到人工智慧和量子電腦如何相互提升。量子電腦能夠從類似神經網絡學習新事項的能力中受惠，而人工智慧則能從量子電腦的龐大計算火力中受益。

蛋白質摺疊

人工智慧深度學習系統正投入解決生物學和醫學領域的最大難題之一：破解蛋白質分子的祕密。儘管 DNA 包含了生命的指令，但真正從事勞動讓身體運作的則是蛋白質。如果將我們的身體比作一處建築工地，則 DNA 就像是藍圖，而蛋白質則是執行重任的工頭和建築工人。沒有勞動隊伍來執行，藍圖是毫無用處的。

蛋白質是生物學中的主要勞動力。它們不僅構成了為我們的身體提供動力的肌肉，還負責消化食物、攻擊病菌、調節我們的身體機能，並執行許多其他關鍵使命。因此，生物學家一直在思考：蛋白質分子是如何執行這些奇妙的功能呢？

在 1950 年代和 1960 年代，科學家使用 X 射線晶體學來測繪多種蛋白質分子的形狀。這些蛋白質都是以正好 20 種氨基酸排列出長鏈樣式，並形成複雜的糾結。科學家的發現令人大感驚訝，正由於蛋白質分子的這種形狀，才促成了它們的神奇功能。科學家說，就這個事例，「功能依循形狀」（function follows form），亦即蛋白質分子的形狀，與其繁複纏結和旋繞，創造出了該蛋白質的特有性質。

例如，考慮一下 Covid-19，我們知道它的形狀像是太陽的日冕，表面放射出許多蛋白質棘突。這些棘突就像鑰匙，用來開啟我們肺部細胞表面的特定的「鎖」。藉由打開這些鎖，棘蛋白就可以把它的遺傳物質注入我們的肺部細胞，然後在細胞內迅速複製自己的大量副本。接著，細胞死亡，釋出這些致命的病毒來感染更多健康的肺細胞。這些棘突就是為什麼 2020 年至 2022 年間全球經濟幾乎崩潰的原因。

因此，蛋白質的形狀比其他任何因素都更能決定該分子的行為。如果能夠得知每個蛋白質分子的形狀，那麼我們就能邁出大步更進一步理解它的功能。

這就是「蛋白質摺疊問題」，亦即測繪所有重要蛋白質形狀的事項，這有可能揭開許多不治之症的祕密。

X 射線晶體學向來是確定蛋白質分子形狀的關鍵，但這是個枯燥乏味的漫長歷程。科學家首先會以化學方法來分離、純化他們想要分析的蛋白質，接著就必須將樣本固化成晶體。結晶的蛋白質被置入 X

射線衍射機中，該機器會放射 X 光射穿晶體並在照相底片上形成干涉圖樣。起初看來，X 射線照片就像一片混亂不堪的點、線圖像。但科學家動用直覺、運氣和物理學，嘗試從 X 射線圖片中解讀出蛋白質的結構。

圖 8　蛋白質摺疊

蛋白質是以 20 種氨基酸的長鏈組成，這些氨基酸能以複雜的方式摺疊。摺疊後的蛋白質分子形狀決定了它的功能。量子電腦或能讓科學家得以分析並創造出具有奇特但有用之特質的全新蛋白質，開創一個全新的生物學分支。

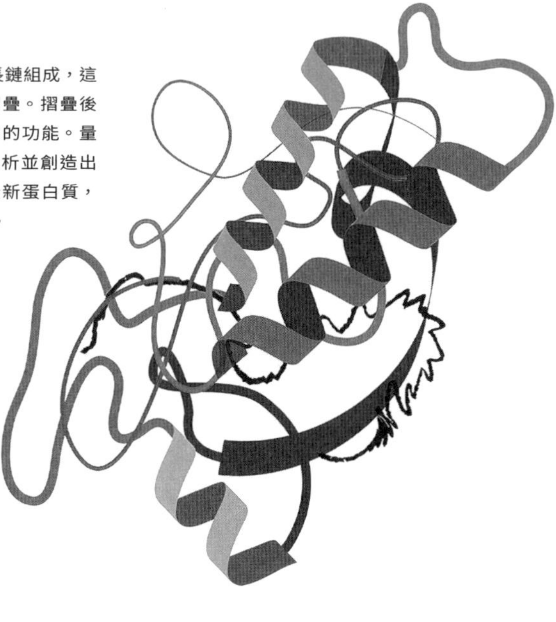

計算生物學的誕生

因此，號稱計算生物學（computational biology）的新興領域的目標之一，就是單憑檢視一種蛋白質的化學成分，並運用電腦來披露該蛋白質的三維結構。或許多年來辛勤投入來理解蛋白質分子結構的工作，未來只需要動用執行人工智慧程式的電腦，摁一下按鈕就能完成。

為了激發研究來貢獻這個很困難卻也至關重要的領域，科學家嘗試了一種新的策略。他們創立了一項名為「蛋白質結構預測技術的關鍵測試」（Critical Assessment of Structure Prediction, CASP）的競賽，循此來評選出誰的電腦程式最能破解蛋白質摺疊問題。

這是個轉捩點，因為這帶給年輕科學家一個令人振奮的具體目標。他們可以藉由運用人工智慧來破解蛋白質摺疊問題掙得名聲，並獲得同行的認可，而這就可能促成可以拯救數千人性命的醫療方法。

比賽規則很簡單。你拿到關於某種蛋白質性質的最基本線索，好比氨基酸的序列。接下來就看你的電腦程式如何填補關於其摺疊方式的所有細節。一種解決這個問題的方法是利用費曼所開創的最小作用量原理。你應該還記得費曼在讀高中時就能藉由將作用量最小化（動能減去其位能）來確定球體採行的是哪條路徑。

你可以運用這相同的方法來處理蛋白質分子。目標是要找出氨基酸形成最低能量態的排列方式。這個過程被比擬為從山上往下走，來找到山谷的最低點。首先，你朝四面八方謹慎地邁出細小步伐。接著，你只朝著稍微降低高度的方向移動。然後你再次開始，踏出下一步，看看你能不能進一步降低自己標高，直到抵達谷底。

你可以採用這相同方式來找出具有最低能量值的氨基酸排列方式。以下是一種解決做法：

開始之前，你先做一系列的近似計算。由於一個分子有許多波函數來描述電子和原子核之間的複雜交互作用，這些計算很快就超出了傳統電腦的處理能力。所以，你會省略一些相對較小的複雜項（例如，電子與重原子核的交互作用，以及電子之間的某些交互作用），並希望這不會造成太多錯誤。

現在，程式設定完成了，首先你將各個氨基酸連接構成一條長串。這會形成一個骨架或一個「玩具模型」，用來顯示蛋白質分子的可能模樣。由於你知道某些原子彼此連接時的鍵角，這就能給你蛋白質可能模樣的一種粗略的初步近似結果。

第二步，你計算這種氨基酸構型的能量，因為你知道它的各種電荷的能量以及鍵結能夠如何動作。

第三步，你扭轉這些鍵結，看看新的構型會不會增加或減少蛋白質的能量。這就像你在山上試探性地邁步，感受哪一步能讓你降低高度。

第四步，你放棄所有會增加能量的構型，只保留能減少能量的構型。電腦藉由反覆嘗試錯誤來「學習」原子運動如何減少分子的能量。

接著最後，你重新開始，扭轉化學鍵或重新排列氨基酸。每次迭代時，你調校氨基酸的位置和方位來減少能量，直到最終達到最低能量的構型。

通常，這種不斷調整原子位置的程序，對數位電腦來說是不可能辦到的。但由於你一開始就使用了一系列的近似算法並省略了相對較小的複雜數項，電腦就可以在幾個小時或幾天之內解決這個簡化版的問題。

起初結果非常可笑。當比較電腦預測的分子形狀與 X 射線晶體學測定所得出的實際形狀時，電腦模型可說錯得離譜。但隨著歲月推移，電腦學習程式變得愈來愈強大，模型也愈來愈精確。

到了 2021 年，結果令人驚豔。就連以這所有近似算法，隸屬 Google 旗下並開發出阿爾法圍棋的電腦公司深度思維（DeepMind）宣布，他們開發的人工智慧程式阿爾法摺疊，已經破譯了驚人數量的蛋白質的粗略結構：35 萬種。此外，他們還辨識出了 25 萬種先前未知的形狀。該程式破譯了人類基因組計畫列出的所有兩萬個蛋白質的三維結構。他們甚至破解了小鼠、果蠅和大腸桿菌體內的蛋白質結構。隨後，深度思維的創作群又宣布，他們很快就會發布一個包含超過一億種蛋白質的資料庫，這其中還會包括科學已知的每一種蛋白質。

另有個情況也引人矚目，儘管使用了所有這些近似法，他們的最終結果仍約略與 X 射線晶體學所得結果吻合。儘管省略了薛丁格波動方程式中的種種不同數項，他們依然取得了令人意外的好結果。

CASP 的共同創辦人約翰・莫爾特（John Moult）表示：「在這道問題上——蛋白質是如何摺疊的——我們已經被困陷了近 50 年了。看到深度思維為此提出了一項解決方案，對我個人來說，這是個非常特殊的時刻，畢竟這麼長久以來，我都親身投入鑽研這道問題，經歷了許許多多次停頓與啟動，我總懷疑我們是不是能夠達成目標。」[3]

這些大量的新資訊已經產生了立竿見影的效果。例如，這些資訊正被用來辨識冠狀病毒中的 26 種不同蛋白質，期望能夠找出弱點所在並研發出新的疫苗。未來應該有可能很快找到數千種關鍵蛋白質的結構。「我們能夠在幾個月內設計出讓冠狀病毒失效的蛋白質，但我們的目標是將這類事項縮短到幾週之內。」華盛頓大學蛋白質設計研究所的大衛・貝克（David Baker）說。[4]

但這僅只是個開始。前面我們便已強調，功能依循形狀。也就是說，蛋白質發揮作用的方式是由它們的結構來決定的。正如鑰匙與鑰匙孔相配合，蛋白質藉由某種方式與另一個分子契合來發揮它的神奇作用。

但釐清蛋白質如何摺疊只是簡單的一部分。現在開始才是困難的部分：使用量子電腦來確定蛋白質的完整結構，不採任何近似算法，也不談特定蛋白質如何與其他分子結合來執行其功能，例如提供能量、充當催化劑、與其他蛋白質融合、或與其他蛋白質結合來創造新結構、拆解其他分子，以及其他眾多事項。蛋白質摺疊研究只是揭示生命本身之奧祕的漫長旅程中的第一步。

未來，對蛋白質摺疊問題的理解會像基因體學的建立過程一樣，經歷幾個階段：

第一階段：測繪出摺疊蛋白質的圖解

我們目前正處在第一階段，正在建立一部龐大的字典，內容包含了千千萬萬則條目，對應於各種蛋白質的摺疊方式。字典中的每一則條目都是由個別原子結合組成的複雜蛋白質的圖像。而這些圖解則是基於對 X 光照片的研究製作而成。這部巨冊著作具備了每個蛋白質的正確拼寫方法，但大部分內容依然是空白的，缺乏定義的。這是基於一系列近似方法，好讓數位電腦能夠進行這些計算。結果令人驚訝，就連用上這麼多的近似估算，科學家依然能夠獲得這麼準確的結果。

第二階段：確定蛋白質的功能

在下一階段，也就是我們目前要進入的階段，科學家將嘗試確定蛋白質分子的幾何形狀如何決定其功能。人工智慧和量子電腦將能夠識別摺疊蛋白質中的某些原子結構如何使它在體內執行特定功能。最終，我們將能夠完整描述身體功能及其如何受到蛋白質的控制。

第三階段：創造新的蛋白質和藥物

最後一步是使用這個蛋白質字典來創造新的改良版本，而這將使我們能夠開發新的藥物和療法。為了做到這一點，我們必須放棄近似估算，並求解分子的實際量子力學。只有量子電腦才能實現這一點。

演化藉由純粹的隨機交互作用，創造出璀璨奪目的大批蛋白質來執行各項任務。然而，這是花費了數十億年時間才實現的。運用量子電腦的記憶體來當成「虛擬實驗室」，我們應該能夠改進這些演化成果，設計出新型蛋白質，來強化它們在體內的功能。

這個程序有個廣泛的應用範圍，包括發現全新的藥物。首先，有些人設想，這會如何有助於清潔環境。最簡單的當前實例是科學家正努力構思，該如何分解那一億五千萬噸散布在海洋、垃圾堆以及你家後院中的汽水瓶。關鍵在於使用這個蛋白質資料庫，檢查某些蛋白質的三維結構，尤其是能夠分解塑膠分子，把它轉化為無害物質的酵素。這項工作已經在英國樸茨茅斯大學的酵素創新研究中心（Centre for Enzyme Innovation）著手進行。

這或許也具有直接的醫學用途，因為許多無法治癒的疾病都與蛋白質錯誤摺疊有關。一個有指望的門路是了解朊毒體的本質，朊毒體很可能與多種影響老年人的不治之症有關，好比阿茲海默症、巴金森氏症和肌萎縮性脊髓側索硬化症。因此，找出這些無法根治的疾病的治療方法，有可能來自量子電腦。

醫學的前沿領域，不可治癒的疾病，很可能會成為量子電腦的下一個戰場。

朊毒體與無法治癒的疾病

傳統上，每本教科書都說疾病是由細菌和病毒傳播的。

但這可能不是故事的全貌。幾個世紀以來，人們已經知道，動物會罹患一些不同於人類病症的奇怪疾病。感染羊搔癢症（scrapie）的綿羊會表現異常行為，用背部摩擦柱樁，而且不肯吃東西。這種疾病是治不好的，而且一定會死。狂牛症（牛腦海綿狀病變）是影響牛隻的雷同疾病，患者行走困難，變得很緊張，甚至變得暴躁。

就人類來講，有種名為庫魯病（kuru）的罕見疾病，發現於新幾內亞的某些部落。那裡的某些部落會在葬禮儀式上食用死者的腦子。其中一些人患染了痴呆症、情緒波動、行走困難等症狀，肇因於在他們的親屬腦中發現的一種新疾病。

加州大學舊金山分校的史丹利・布魯希納（Stanley B. Prusiner）違背了傳統醫學思潮，歸結認定這是某種新型疾病的證據。1982 年，他宣布他已經純化並分離出了引發這種疾病的蛋白質。1997 年，他獲頒諾貝爾生理學或醫學獎，表彰他發現朊毒體的成就。

朊毒體是種錯誤摺疊的蛋白質。它們的傳播方式並不採疾病的尋常傳播方式，而是往往藉由接觸其他蛋白質來傳染。當朊毒體接觸到正常的蛋白質分子時，朊毒體會以某種方式強迫正常蛋白質錯誤地摺疊。因此，朊毒體疾病可以迅速傳遍全身。

如今，儘管還有一些爭議，但有些科學家認為，許多致命的老年疾病，很可能也是由朊毒體引起的。其中之一就是有時也稱之為「世紀之疾」的阿茲海默症。六百萬名美國人已知患有阿茲海默症，其中許多人的年齡在 65 歲或以上。整整三分之一的長者死於阿茲海默症或痴呆症。目前，它是美國第六大致死原因，而且病例數量穩步上升。據估計，活到 80 多歲的民眾，約有一半最終有可能罹患這種疾病。

阿茲海默症特別令人哀傷，因為它侵襲我們最私密也最珍貴的財產——我們的記憶和自我認知。它首先侵襲腦子靠近中央部位的區域，例如負責處理短期記憶的海馬迴。因此，罹患阿茲海默症的初期跡象是忘記剛剛發生的事情。我們或許能夠以驚人敏銳的準確度回憶 60 年前發生的事件，卻忘了六分鐘前發生的事。不過到了最後，它就會侵襲整個腦子，連長期記憶也會隨著歲月流沙消失不見。這種病終將致命。

我母親就是死於阿茲海默症。看著她的記憶慢慢消失，直到認不出我是誰，然後她甚至連自己是誰都不知道，這真是令人心碎。

阿茲海默症已知與遺傳連帶有關。載脂蛋白 E4 基因出現突變的人比較容易患上這種疾病。在我主持的一個 BBC 電視節目系列中，我面對一道提問，那時鏡頭聚焦在我臉上，等著我回答，我自己會不會接受載脂蛋白 E4 基因檢測，查看我是不是有遺傳上容易患病的傾向。如果我得知自己確實注定會患上阿茲海默症，我會說些什麼呢？我思考了一下，最終表示我仍然會進行檢測，因為無論未來會如何，提前做好準備總是比較好的。（謝天謝地，我的檢測結果是陰性的。）

不幸的是，阿茲海默症的根本原因仍然未知。唯一能確診一個人是否患有阿茲海默症的方法是進行屍檢。醫生經常發現阿茲海默症患者的腦中存有兩種類型的黏性蛋白，即 β 和 τ 澱粉樣蛋白。但幾十年來，醫生一直在爭論這些黏性蛋白究竟是阿茲海默症的原因，還是僅僅是疾病的一種不重要的副產品。問題在於，屍檢顯示，有些人的腦中有大量的澱粉樣蛋白沉積，卻仍完全沒有出現任何疾病相關症狀。因此，在許多情況下，阿茲海默症和澱粉樣斑塊之間並沒有直接的因果關係。

就這個謎團，有一條線索最近被揭示出來。德國科學家發現了變形蛋白與阿茲海默症之間的直接關聯。2019 年，他們發表了令人震驚的消息，血液中帶有錯誤摺疊的澱粉樣蛋白，但仍未出現症狀的人，患染阿茲海默症的機率為平均值的 23 倍。這種關聯甚至最早可以在臨床診斷之前 14 年就先確定。

這就意味著，在你出現阿茲海默症狀的多年之前，只需進行變形澱粉樣蛋白檢測這樣一種簡單的血液測試，或許就可以告訴你患病的可能性。

布魯希納在他最近主持的研究中表示：「我相信這確鑿無疑清楚表明，β 和 τ 澱粉樣蛋白都是朊毒體，而阿茲海默症是一種雙朊毒體病變，這些異常蛋白共同摧毀了腦子……我們有必要在阿茲海默症研究領域掀起一場革命性變革。」[5]

該報告的一位作者，克勞斯・格沃特（Klaus Gerwert）強調，這項突破有可能會促成發現阿茲海默症的新療法，這就目前仍是無法根治的疾病：「因此，檢測血液中的錯誤摺疊 β 澱粉樣蛋白，或許就能做出重大貢獻，找到對付阿茲海默症的藥物。」[6]

該報告的另一位作者，德國的赫爾曼・布倫納（Hermann Brenner）補充說道：「現在大家都寄希望於使用新的治療途徑，在還沒有出現症狀的早期階段採行預防措施。」[7]

「好」、「壞」版本的澱粉樣蛋白

2021 年又成就了一項發現，這有可能告訴我們，這個歷程究竟是怎麼發生的。加州大學的科學家們發現，只要對它們的結構看上一眼，就能區辨出好、壞版本的澱粉樣蛋白。他們發現，由於蛋白質分子是以長串氨基酸組成，而且是蜷曲起來的，因此經常會出現朝某個方向螺旋的原子團簇，它們要麼就是順時針，不然就是逆時針旋繞。

正常澱粉樣蛋白的形狀是「左旋的」，亦即分子的螺旋和扭轉方向是一致的。然而，另一種澱粉樣蛋白，就是與阿茲海默症相關的那種，則是「右旋的」。倘若這個理論成立，便意味著一類錯誤摺疊的澱粉樣蛋白，有可能就是阿茲海默症的罪魁禍首，這或許就代表了一個全新的研究門路。

首先，我們必須創建出這兩類澱粉樣蛋白的詳細三維圖像。運用量子電腦，我們就有可能從原子層級精準看出，錯誤摺疊的阿茲海默症分子是如何藉由碰撞健康分子來傳播的，以及為什麼它對腦子會造成這麼大的損害。

然後，藉由研究這種蛋白質的結構，我們或許就能夠確定它如何擾亂我們神經系統中的神經元。一旦得知了這個機制，接著就有幾種可能的做法。一種方式是分離出這種蛋白質中的缺陷，並以基因療法來創造出該基因的正確版本。或者，也許有一天可以研發出能夠阻止這種右旋蛋白質生長的藥物，或甚至幫助更快速將它從體內清除。

例如，已知這些變形分子只存在於腦中 48 小時左右，接著它們就會自然被沖刷排出體外。一旦我們了解右旋蛋白質的分子結構，我們就可以設計出另一種分子，來捕捉這種異常分子，然後要麼就把它分解、讓它失效並不再危險，或者與它結合，讓它更快速地被排出體外。量子電腦有可能在查出其分子弱點方面派上用場。

總而言之，量子電腦有可能在分子層級辨識出許多可行的方法，來中和或根除壞的朊毒體，而這些我們以嘗試錯誤以及數位電腦始終是辦不到的。

肌萎縮性脊髓側索硬化症

量子電腦的另一個潛在目標是肌萎縮性脊髓側索硬化症（amyotrophic lateral sclerosis, ALS），這是種致命的疾病，也被稱為盧・賈里格氏症（Lou Gehrig's disease），它會將你的身體變成一團癱瘓的組織，在美國至少有一萬六千人受到侵染。你的心智依然完整無損，但身體逐漸衰退。這種疾病攻擊你的神經系統，就某種意義而言是將你的腦子與肌肉截斷聯繫，最終導致死亡。

這種疾病的最著名受害者是已故宇宙學家史蒂芬・霍金（Stephen Hawking）。他的情況相當罕見，因為他活到了 76 歲，而大多數患者都很早就去世。這種可怕疾病的患者通常經診斷患病之後只能再活二到五年。

霍金曾邀請我前往劍橋大學演說弦論。我上他家拜訪時，心中很感訝異。因為那裡滿滿都是各種奇巧裝置，有了這些設備，儘管身染這種令人衰弱的疾病，他依然能夠繼續運作。其中有種機械裝置，你可以把一份物理學期刊擺進去，摁下按鈕，接著裝置就會自動捏起一頁並為你翻頁。

在有幸與他共度的那段期間，我對於他的意志力和他期盼繼續參與物理學界活動並保持生產力的渴望深自感佩。儘管幾乎完全癱瘓，他仍然堅定地繼續他的研究並與公眾交流。他面對巨大障礙時展現的決心，證明了他所秉持的勇氣和動力。

就專業方面，他的工作涉及量子理論在愛因斯坦重力論中的應用。期望有一天，量子理論能夠回報恩惠，找到以量子電腦來治療這種可怕疾病的方法。就目前來講，由於這種疾病比較罕見，因此對它沒有什麼認識。不過藉由研究患者的家族歷史，可以表明有一批基因是連帶有關的。

到目前為止，大約發現了 20 個與肌萎縮性脊髓側索硬化症相關的基因，不過大半病例都能以其中四種來解釋：C9orf72、SOD1、FUS 和 TARDBP。當這些基因出現機能障礙，它們便與腦幹和脊髓中運動神經元的死亡連帶有關。

其中特別值得關注的是 SOD1 基因。

據信 SOD1 所引發的蛋白質摺疊錯誤，和肌萎縮性脊髓側索硬化症有連帶關係。SOD1 基因會生成一種稱為超氧歧化酶（superoxide dismutase）的酵素，該酵素能分解稱為超氧自由基（superoxide radical）的具有潛在危害的帶電氧分子。但是當 SOD1 因故未能消除這些超氧自由基時，神經細胞就有可能受損。因此，這種由 SOD1 所生成蛋白質的摺疊錯誤，有可能是導致神經元死亡的機制之一。

了解這些缺陷基因採行的分子路徑，有可能是治癒該疾病的關鍵，而量子電腦有可能在這當中扮演至關緊要的角色。使用這些基因作為模板，我們就可以製造出該基因所生成的缺陷蛋白質的 3D 版本。然後只要研究這些蛋白質的結構，或許就能夠確定它是如何擾亂我們神經系統中神經元的作用。如果我們能夠在分子層次上確認這些缺陷蛋白質的運作方式，或許我們就可以找到治癒方法。

巴金森氏症

另一種涉及腦內突變蛋白質的致衰病症是巴金森氏症，這種沉痾影響約一百萬美國人。最著名的巴金森氏症患者是米高・福克斯（Michael J. Fox），他以自己的名人身分籌集了十億美元來對抗這種疾病。通常，巴金森氏症會導致患者的四肢不受控制地顫抖，但此外還有其他症狀，例如行走困難、喪失嗅覺和睡眠障礙。

就這種疾病，科學家已經取得了一些進展。例如，科學家發現，藉由腦部掃描可以精確定位神經元過度放電的部位，而這就可能是引發手部顫抖的原因。接著這類巴金森氏症就可以採用向過度活躍腦區插針的方式來進行局部治療。接著，藉由中和這些異常放電的神經元，也就可以局部抑止顫抖現象。

不幸的是，目前仍然沒有治癒療法。但與巴金森氏症相關的一些基因已被分離出來。現在已經有可能合成出與這些基因相關的蛋白質，它的三維結構已經能以量子電腦來予解讀。藉由這種方式，我們或許就能夠披露，那個基因的突變，如何能夠導致巴金森氏症。我們或許能夠克隆出那種突變蛋白質的正確版本，並把它注入體內。

因此，量子電腦或許就能開創出全新的途徑，為侵擾年長者的這些無法根治的疾病尋求解決方案。或許，量子電腦還能攻克有史以來最大的醫學問題之一：老化過程。如果能治癒老化過程，那麼我們同時也就能根治許許多多與之相關的疾病。

如果有一天量子電腦能為年長者找到根治措施，這是否也就意味著我們不再必須面對死亡呢？

第十三章

永生不死

歷來可追溯至最早期史前時代的最古老探索，就是對永生的追尋。不論國王或皇帝的權勢多麼強大，他們都無法抹平在倒影映像中見到的皺紋，那是他們最終結局的先兆。

已知最早的故事之一，比聖經部分內容還更早的是《吉爾伽美什史詩》（Epic of Gilgamesh）。吉爾伽美什是古代美索不達米亞戰士，這部作品記錄了他闖蕩古代世界開創的英勇事蹟。他縱橫平原和沙漠，進行了無數英勇冒險，甚至遇上了一位見證大洪水的智者。吉爾伽美什是為了一項偉大的使命才踏上這趟旅程：尋找永生的祕密。到最後，他終於找到了那株能帶來永生的植物。然而，就在他即將吃下那株長生不老藥草時，一條蛇猛然從他手中把草奪走並吞吃下肚。人類注定無法永生不朽。

在聖經中，上帝將亞當和夏娃逐出伊甸園，因為他們違背了祂的命令，吃下了禁果。但一顆無辜的蘋果到底有什麼危險呢？因為蘋果是知識禁果。

此外，上帝擔心亞當和夏娃若再吃下生命樹上的果實，就會「變成像我們一樣……並且永遠活下去」——他們將永生不朽。

秦始皇是西元前200年左右統一中國的人，他對永生的概念深自痴迷。在一則著名的傳說中，他派出了強大的海軍艦隊，出發去搜尋傳說中的青春之泉。他只給了艦隊一個命令：找不到青春之泉，就不要回來。顯然，他們並沒有發現青春之泉，但遭流放離開中國之後，他們反而發現了韓國和日本。

根據希臘神話，黎明女神厄俄斯（Eos）曾經愛上一位凡人，名叫提索奧努斯（Tithonus）。由於凡人終究會死亡，厄俄斯向天神宙斯懇求賜予她的愛人不朽。宙斯答應了她的要求，但她犯了一個嚴重錯誤。她忘了也要求她的愛人永遠青春。可悲的是，每年提索奧努斯都會變得衰老，也愈來愈虛弱，卻又永遠死不了。因此，如果我們向神明祈求不朽，我們絕對不能忘記也得要求神明讓我們青春永駐。

如今，借助現代醫學的進步，或許也該從嶄新角度來重新審視這個古老的追尋。藉由分析龐大的老化遺傳數據和探究生命本身的分子基礎，我們或許可以利用量子電腦來解決老化問題。事實上，量子電腦或許能夠創造出兩種不朽，即生物學上的不朽和數位上的不朽。因此，青春之泉有可能根本不是一股泉水，而是一套量子電腦程式。

熱力學第二定律

憑藉現代物理學，我們可以從一種現代視角來回顧這項古老的探尋。老化的物理現象可以用熱力學定律（也就是熱之定律）來解釋。熱力學有三條定律。第一定律單純指稱，物質和能量的總量是恆定的。你不能無中生有。第二定律表示，在封閉系統中，混沌和衰變總是不斷增加。第三定律指出，你永遠無法讓溫度達到絕對零度。

主宰我們生活的是第二定律。這是一條物理學定律，規範事物最終必定生鏽、崩解和死亡。這就意味著熵，也就是混沌的測量值總是不斷提高。這似乎是一條禁止不朽的鐵律，因為到頭來一切都要瓦解。物理學似乎對地球上的所有生命頒布了死刑令。

但是，第二定律存有一個漏洞。所有事物必須衰變的事實，僅適用於封閉系統。但在開放系統中，當能量可以從外界流入，混沌的加劇是可以逆轉的。

例如，每當一個新的生命體，好比嬰兒誕生時，熵就會減少。一個新的生命體代表大量的數據，而且準確地一路組裝到分子層級。因此，生命似乎與第二定律相矛盾。但能量是從外部以陽光的形式流入的。因此，來自太陽的能量促成了地球上多樣生命的創造以及局部熵的逆轉。

因此，不朽並不違反物理學定律。第二定律中沒有任何條款禁止生命體永生，只要有能量從外部流入即可。在我們的情況下，那股能量就是陽光。

什麼是老化？

那麼，什麼是老化呢？

根據第二定律，老化主要是由於分子、基因和細胞層級的錯誤積累所引發的。最終，第二定律就會追上我們。錯誤在我們的細胞和DNA中積累。皮膚細胞失去彈性，皺紋生成。器官功能失常衰竭。神經元錯誤放電，於是我們忘記事情。癌症偶會發展出現。簡而言之，我們老化，最終就會死亡。

我們可以在動物界中觀察到這一現象，這為我們提供了有關老化的線索。蝴蝶可能只活幾天。小鼠可以活好幾年。但大象可以活60到70年。而小頭睡鯊就可以活五百年。

這其中的共同點是什麼？相較於大型動物，小動物的失熱速度更快。因此，相較於悠閒進食的笨重大象，一隻小鼠為躲避捕食者匆忙奔逃時，新陳代謝率是非常高的。然而，較高的新陳代謝率也意味著較高的氧化速率，這會在我們的器官中積累錯誤。

我們的汽車就是個明顯的例子。老化會發生在汽車的哪個部分？大多數情況下，這會發生在發動機，因為這裡有燃料燃燒所致氧化以及齒輪套組的磨耗損壞。但細胞的發動機在哪裡？

細胞的能量大部分來自粒線體。因此，我們猜想老化釀成的許多損傷，主要都累積在粒線體中。如果我們能從外部添加能量，避開第二定律，好比導入更好、更健康的生活方式，加上以基因工程來修復受損的基因，那麼老化或許就能被逆轉。

現在，想像一輛加滿高辛烷值燃油的汽車。這輛車運行得非常順暢。就算汽車老舊，用上超級汽油也能運轉得更好。這就與雌激素和睪固酮等激素對人體的作用類似。從某種意義上來說，它們就像是生命的靈藥，給我們帶來超越我們年齡的能量和活力。一些人認為，雌激素是女性平均能比男性活得更長的原因之一。但為了這額外的「里程數」，我們也得付出代價，而這個代價就是癌症。更多的磨耗損壞也意味著更多的錯誤積累，其中包括導致癌症的基因錯誤。因此，從某種意義上來說，癌症代表著熱力學第二定律追上了我們。

這些 DNA 中的錯誤時時刻刻都在發生。例如，在分子層級，DNA 損傷每分鐘在我們體內發生 25 到 115 次，或相當於每顆細胞每天大約 36,000 到 160,000 次。我們的身體也有 DNA 修復機制，但當這些修復機制應付不了大量 DNA 錯誤時，老化就會加速。老化發生在當錯誤的累積超過我們修復它們的能力之時。

預測我們能活多久

如果老化與我們的 DNA 和細胞中的錯誤相關，那麼或許就可以得出一個粗略的數值原理來預測我們的壽命。

英國劍橋的威康桑格研究所（Wellcome Sanger Institute）完成了一項有趣的研究。結果發現，若是老化與遺傳損傷連帶有關，那麼我們就可以預測，動物的遺傳損傷愈多，其壽命也就愈短。當然了，分析了 16 種動物之後，這群劍橋的科學家發現了一個反比關係：遺傳損傷愈多，壽命愈短。

他們發現，相當不同的動物之間，存有引人注目的關聯性。細小的裸鼴鼠每年經歷 93 次突變，能夠生存 25 到 30 年。而巨大的長頸鹿每年經歷 99 次突變，壽命約為 24 年。如果我們將這兩個數字相乘，得到的結果分別是裸鼴鼠總共約 2,325 次突變，長頸鹿則約 2,376 次突變，兩個數值非常接近。儘管這兩種哺乳動物在許多方面存有明顯差異，但牠們在一生中累積的突變數量約略相等。

這為我們提供了一個公式，可以藉由分析來自多種動物的數據，來粗略預測人類的壽命。分析小鼠時，他們發現每年有 793 次突變，分布在 3.7 年的壽命期間，總共約為 2,934.1 次突變。

人類的數字就稍微棘手一些，因為這在不同文化和地點間也存有數值變化。據信，人類每年經歷 47 次突變。大多數哺乳動物在一生當中平均經歷了 3,200 次突變。這就意味著，就第一項猜測結果，人類的壽命約為 70 年。（在不同的假設下，也可以得到約 80 年的壽命數字。）

這個簡單計算的結果相當驚人。它們指出了遺傳錯誤在我們的 DNA 和細胞中作為老化和最終死亡主要驅動因素的重要性。

迄今為止，所有這些結果都是在野生動物的自然狀態下得出的。但當我們將動物置於不同的外部條件下，這時會發生什麼現象？有沒有可能人為改變它們的壽命？

答案似乎是肯定的。

重設生物時鐘

採行醫療介入（例如基因工程、生活方式改變），或有可能藉由修正第二定律所造成的損害來延長人類壽命。

這有幾種可能性。其中一種可能性是重置「生物時鐘」。當細胞自我複製時，染色體會稍微縮短一些。對於皮膚細胞來說，經過約 60 次複製之後，細胞就會開始老化，這叫做衰老（senescence），衰老到最後個體就會死亡。這個數字稱為海弗利克極限（Hayflick limit）。這是細胞死亡的一個原因，因為它們有一個內建的時鐘告訴它們什麼時候就該死亡。

我曾經訪問過倫納德 ・ 海弗利克（Leonard Hayflick）並請教他的著名極限。不過當時他很謹慎，擔心有些人可能會對這個生物時鐘得出過多的結論。他告訴我，我們才剛開始了解老化過程。他對生物老年學（biogerontology）感到惋惜，因為這個領域必須面對很多的公共誤解，特別是最晚近的飲食風潮。

之所以有海弗利克極限，理由在於染色體末端有個稱為端粒（telomere）的頂蓋，隨著每次複製，端粒也愈來愈短。不過就像鞋帶的尾端一樣，經過了太多次操作，末端護套就會磨損，鞋帶也開始鬆散開來。經過約 60 次複製之後，端粒耗損，染色體散脫，細胞進入衰老狀態並終至死亡。

不過也有可能「停止時鐘」。有種稱為端粒酶（telomerase）的酵素可以防止端粒變得愈來愈短。乍看之下，我們或許會認為，這有可能是解決老化的辦法。事實上，科學家已經能夠拿端粒酶應用於人類皮膚細胞，於是它們就能夠進行數百次分裂，而不僅只是 60 次。這項研究讓我們能夠至少使一種生命形式「達成永生」。

然而這當中也涉及一些風險。事實上，癌細胞也運用端粒酶來獲得永生。在人類的所有腫瘤當中，已經有九成經檢測出端粒酶。我們必須小心操作體內端粒酶，以免不小心將健康細胞轉變為癌細胞。

所以如果我們發現了「青春之泉」，端粒酶有可能就是解決方案的一環，但前提是我們必須能夠治療它的副作用。量子電腦或許能夠解開端粒酶如何使細胞獲得永生，同時也不會致癌的謎團。一旦找到這個分子機制，或許就有可能修改細胞來延長其壽命。

熱量限制

儘管數世紀以來，許多試圖延長我們壽命的所謂根治措施和醫療方法都是庸醫騙術，但有一種方法卻通過了時間考驗，也似乎在每個案例中都能奏效。唯一經證實能延長動物壽命的方法是限制熱量攝取。換句話說，如果你攝取的熱量減少三成，你的壽命就可能延長大約三成，實際取決於所研究的動物種類。這項普適規律已在許多物種中經過測試，從昆蟲、小鼠、狗和貓，乃至於猿猴。與大吃大喝的動物相比，攝取較少熱量的動物活得較久，牠們患病的次數較少，也較少受到如癌症和動脈硬化等老年問題的侵擾。

雖然這已經針對動物界的多種動物完成測試，但有一種動物尚未以這種方式進行系統性分析：智人。（這或許是由於我們活得太久了，還有要我們吃這麼清淡的飲食，我們肯定要抱怨吃得太簡陋，連隱士都會覺得餓。）沒有人確切知道為什麼這樣做有用，但有一種理論認為，吃得少可以降低氧化速率，從而延緩老化過程。

有一項實驗似乎驗證確認了這個理論，見於以秀麗隱桿線蟲（*C. elegans*）這樣的蠕蟲為對象的研究。當這些蠕蟲經過基因改造來降低其氧化速率時，牠們的壽命就可以延長多倍。事實上，科學家已經給其中一些基因起了 Age-1 和 Age-2 等名稱。降低氧化速率似乎有助於細胞修復損傷。因此，看起來限制熱量的效果是來自於減緩體內的氧化速率，從而減少錯誤的累積。

但這就引出了一個問題：為什麼首先有些動物就會表現出自我限制熱量的行為？動物會有意識地吃得較少來活得較久嗎？（有一種理論認為，動物在自然狀態下有兩種選擇。就一方面，牠們可以繁殖並養育後代，這就必須有穩定、充裕的食物供應，然而這種情況卻很罕見。比較常見的是，大多數動物都處於飢餓邊緣，不斷狩獵尋找食物。因此，在食物匱乏的時期，其實這種情況比較常見，動物們已經演化出本能來吃得更少，這樣就能節約能量並活得較久，直到食物充裕時，於是牠們就能夠繁殖。）

研究限制熱量的科學家認為，這或許能經由一種由去乙醯酶基因（sirtuin gene）生成的化學物質白藜蘆醇（resveratrol）來發揮作用。白藜蘆醇存在於紅酒中。（這引發了一股環繞白藜蘆醇和紅酒的小型熱潮，但白藜蘆醇是否真的能延長人類壽命，則目前尚無定論。）

但在 2022 年，耶魯大學的研究或許終於解開了限制熱量為什麼有效的部分謎團。他們將研究重點放在位於左右肺之間的胸腺，該腺體會產生 T 細胞，這是種重要的白血球，共同協助抵抗疾病。他們注意到，這些出自胸腺的 T 細胞，老化得比普通 T 細胞快。例如，當我們到了 40 歲時，胸腺的七成部位已經化為脂肪並且喪失功能。這篇論文的主要作者維什瓦 · 迪希特（Vishwa Deep Dixit）表示：「隨著年齡增長，我們開始感受到新的 T 細胞開始欠缺，因為剩下的那些 T 細胞在對抗新的病原體方面，能力並不高強。這就是為什麼老年人比較容易生病的原因之一。」[1] 果真如此，那麼或許這也就能夠解釋，為什麼老年人更容易衰老、死亡。

基於這項結果，他們進行了另一項實驗，讓一組人從事限制熱量飲食並持續兩年。他們驚訝地發現，這組人的胸腺脂肪較少，功能性細胞較多。這是個引人矚目的結果。

迪希特補充道：「這個器官能夠再生，在我看來，這個事實很令人震驚，因為這種現象在人類身上幾乎沒有相關證據。即使只是有可能成真，也令人非常興奮。」

耶魯團隊開始意識到，他們發現了重要的事項。接下來，他們必須調查根本原因：在分子層級上，熱量限制如何強化免疫系統？

最終，他們便得以將重點鎖定在一種稱為 PLA2G7 的蛋白質上，這種蛋白質與炎症有關，而炎症也是種與老化相關的現象。「這些發現顯示，PLA2G7 是限制熱量所產生作用的驅動因素之一。辨識這些驅動因素有助於我們理解代謝系統和免疫系統如何相互溝通，這有可能引導我們找到能夠改善免疫功能，減少炎症，甚至有可能延長健康壽命的潛在目標。」迪希特說道。

下一步是使用量子電腦來查出這種蛋白質如何能在分子層級上緩解炎症並延緩老化過程。一旦釐清了這個歷程，或許就有可能操控 PLA2G7，從而在不必讓自己處於飢餓飲食的情況下獲得熱量限制的好處。

迪希特總結表示，他就相關蛋白質和基因的這項研究，有可能會改變老化過程的相關研究方向。最後他說：「我認為這帶來了希望。」

老化的關鍵：DNA 修復

不過這帶來了另一個問題：熱量限制如何修復由氧化造成的分子損傷？熱量限制有可能藉由減緩氧化歷程來發揮作用，讓身體有機會自然修復氧化釀成的損傷，但首先，身體是如何修復 DNA 損傷呢？

目前羅徹斯特大學（University of Rochester）正就此進行研究，那裡的科學家投入鑽研可不可能藉由觀察動物界來理解 DNA 修復機制。更具體地說，DNA 修復機制能不能解釋為何某些動物活得比較久？有沒有遺傳上的青春之泉？

他們分析了 18 種嚙齒類動物的壽命，發現了有趣的現象。雖然小鼠或許只能活兩、三年，但河狸和裸鼴鼠卻可以活到驚人的 25 到 30 歲。他們的理論是，長壽的嚙齒類動物擁有比短命的嚙齒類動物更強大的 DNA 修復機制。

為了釐清這一點，他們專注探究去乙醯酶 6（sirtuin-6）基因，這與 DNA 修復有連帶關係，有時也稱為「長壽基因」。他們發現，並非所有的去乙醯酶 6 蛋白質都相同。去乙醯酶 6 能生成五個不同類型的蛋白質，每類蛋白質各具不等水平的活性。他們還注意到，河狸的去乙醯酶 6 蛋白質的效用勝過大鼠生成的蛋白質，但並不比裸鼴鼠的蛋白質更強。

就這點，他們聲稱，這有可能就是河狸能活這麼久的原因。

為了證明他們的理論，他們為不同動物施打種種去乙醯酶 6 蛋白質，並觀察這是否影響其壽命。施打了河狸去乙醯酶 6 蛋白質的果蠅，比施打大鼠蛋白質的果蠅活得更久。

把這些蛋白質注入人類細胞中時，他們發現了類似這種作用。接受了河狸去乙醯酶 6 蛋白質的細胞，比接受了大鼠蛋白質的細胞，蒙受了較少的 DNA 損傷。其中一位研究人員薇拉 ‧ 戈爾布諾娃（Vera Gorbunova）表示：「倘若疾病是肇因於 DNA 隨著年齡增長而變得雜亂無序，那麼我們就可以運用類似這樣的研究，著眼探索能延緩癌症與其他退行性疾病的干預措施。」[2]

這一點很重要，因為針對有可能受到去乙醯酶 6 等基因調控的 DNA 損傷來予修復，或許正是逆轉老化過程的關鍵。量子電腦可以用來精準確定去乙醯酶 6 如何在分子層級上增強 DNA 修復機制。

一旦這個歷程揭示披露了，或許就能找到加速進行的方法，或者發現能夠刺激 DNA 修復機制的新的分子路徑。所以，倘若 DNA 損傷是老化過程的驅動因素之一，那麼使用量子電腦來釐清如何在分子層級上逆轉這個歷程，也就變得重要之極。

重新編程細胞以恢復青春

然而，試圖延長壽命的歷程，充斥了許多假偽醫學。其中總少不了當月最新潮流：最新的維他命、草藥或「奇蹟療法」。不過，確實有一個嚴肅的組織在老化歷程相關研究中獲得了大量關注。

俄羅斯億萬富豪尤里・米爾納（Yuri Milner）當初在臉書和Mail.ru網站上發了大財，如今他籌組了一支由頂尖學者組成的精英團隊來研究如何逆轉老化。他是矽谷的知名人物，每年捐獻三百萬美元投注於他的突破獎（Breakthrough Prize）來獎勵優秀的物理學家、生物學家和數學家。

現在，他的注意力專注在一個名為阿托斯實驗室（Altos Labs）的新集團上，該組織希望利用「重新編程」科學，或許就可以讓老化的細胞回春。甚至連傑夫・貝佐斯（Jeff Bezos）也位居支持阿托斯實驗室的大金主之列。根據阿托斯實驗室提交的一份文件，這家新創公司已經籌集了2.7億美元資本。

根據麻省理工學院的《科技評論》（*Technology Review*），這項努力的理念是重新編程老化細胞的DNA，讓它回到比較早期的狀態。這個方法曾由日本諾貝爾獎得主山中伸彌（Shinya Yamanaka）實驗測試過，而山中也將擔任阿托斯實驗室的科學顧問委員會主席。

山中伸彌是幹細胞領域的世界級權威，幹細胞是所有細胞的母細胞。胚胎幹細胞具有能夠轉變為人體任何細胞的驚人特性。山中伸彌發現了一種將成人細胞重新編程回歸胚胎狀態的方法，理論上它們就可以從零開始創造出全新的新鮮器官。

關鍵問題是：我們能不能將老化的細胞重新編程使恢復青春？阿托斯實驗室所引發的興趣在於，答案顯然是肯定的——在特定情況下，有四種蛋白質（現在稱為山中因子）能夠完成這個重新編程的程序。

就某種程度上，老化細胞的重新編程是司空見慣的。想像大自然如何將成人的細胞重新編程為胚胎的幹細胞。所以，重新編程並不是科幻小說，它是生活的一部分。這個回春歷程在每一個世代都會發生，出現在胚胎最早受孕時。

難怪有好幾家持續不斷尋覓下一個重大突破的新創公司，都搭上了這股風潮，包括生命生物科學公司（Life Biosciences）、騰潤生物技術（Turn Biotechnologies）、延齡治療技術公司（AgeX Therapeutics）和回春生物科技公司（Shift Bioscience）。「如果你看到遠處有東西像一堆黃金，那麼你就應該馬上跑過去。」戈爾迪安生物技術公司（Gordian Biotechnology）的馬丁・詹森（Martin Borch Jensen）說道。[3] 事實上，他正提供兩千萬美元以加快研究進度。

哈佛大學的大衛・辛克萊爾（David Sinclair）表示：「眼前投資人正籌集好幾億美元，打算挹注於重新編程，特別是針對讓人體不同部位或完整人體恢復青春。」[4] 辛克萊爾已經能夠運用這項重新編程技術來恢復小鼠的視力。他補充道：「在我的實驗室，我們正在篩檢重要器官和組織，例如皮膚、肌肉和腦子，看看我們可以讓哪些部分回春。」

瑞士洛桑大學的亞歷杭德羅・奧坎波（Alejandro Ocampo）說：「你可以從一位 80 歲老人身上取得一顆細胞，在體外逆轉年齡 40 年。沒有其他技術能做到這一點。」[5] 威斯康辛大學麥迪遜分校（University of Wisconsin–Madison）的一支獨立小組採集了一些滑液（這是種濃稠液體，見於你體內的關節部位），這些樣本中包含了一些被稱為 MSCs 的幹細胞（MSCs 是 mesenchymal stem/stromal cells 的縮略，意指「間充質幹細胞／基質細胞」）。先前便已知道，我們有可能重新編程 MSC 細胞，讓它們變得年輕。不過我們並不清楚這種回春現象如何發生。

他們能夠填補許多遺漏的步驟。MSC 細胞經轉換為誘導性富潛能幹細胞（縮略為 iPSCs），然後再轉換回 MSC 細胞。經過這個往返歷程之後，他們發現，經重新處理過的 MSC 細胞回春了。最重要的是，他們能夠識別出使 MSC 細胞進行這個往返歷程的特定化學路徑。參與此歷程的是一系列稱為 GATA6、SHH 和 FOXP 的蛋白質。

這些都是曾經被認為不可能的重大突破。因此，科學家便開始理解，老化細胞如何再次變得年輕。

不過也有理由保持審慎。我們前面已經見到，延緩或逆轉老化的方法，有可能伴隨出現癌症等副作用。雌激素可以讓女性在更年期之前保持生育能力多年，但這種激素的一個可能副作用就是癌症。相同道理，端粒酶能夠停止細胞的老化進程，但也會提增誘發癌症的風險。

同樣地，細胞重新編程的危險之一也是癌症。研究必須審慎進行，以免危險的副作用讓它偏離正軌。量子電腦有可能在這方面有所幫助。首先，它們或許能夠在分子水平上解開回春歷程的謎團，並找出胚胎幹細胞的祕密。其次，它或許有可能控制這個歷程的部分副作用，好比癌症。

人體修復廠

另有一項實驗也激發了人們對細胞回春的興趣。

在原始的山中伸彌方法中，皮膚細胞被暴露於四個山中因子 50 天，使其回復胚胎狀態。但英國劍橋的巴布拉漢研究所（Babraham Institute）的科學家只讓這些細胞暴露 13 天，接著就讓它們正常生長。

這批原始皮膚細胞來自一位 53 歲的女性。科學家驚訝地發現，回春的皮膚細胞的模樣和行為表現都彷彿出自一位 23 歲的女性。

「我記得當天收到結果時，我幾乎不敢相信有些細胞竟比應有的年齡年輕了 30 歲，」參與這項研究的科學家之一迪爾吉特・吉爾（Diljeet Gill）說：「那真是個令人興奮的一天。」[6]

這些結果轟動一時。如果這項結果驗證確認，那麼顯然這就會是醫學史上唯一一次科學家成功使老化細胞回春，讓它們的行為表現彷彿年輕了好幾十歲。

然而，參與這項研究的科學家很謹慎地提到了可能的副作用。由於回春涉及激烈的基因改變，如同許多富有前景的治療方法一樣，癌症依然是種可能的副作用。因此，這整個途徑必須審慎推進。

不過還有第二種方法可以在不陷入癌症風險的情況下創造出年輕的器官：組織工程學（tissue engineering），科學家從零開始構建人體部位。

組織工程學

倘若一個成人細胞逆轉回復胚胎狀態，它確實會回春，不過這僅只發生在細胞層級。這就意味著你無法讓整個身體回春並永生不死。這只代表某些細胞系變得永生不朽，從而可以再生出特定的器官，但不能重生出整個身體。

這當中的一個原因是，倘若任憑幹細胞自行發展，有時就會長出一團無定形的任意組織塊。幹細胞一般都需要來自相鄰細胞的信號，才能以正確的順序生長，從而形成最終的器官。

解決方案或許就是組織工程學，這就意味著將幹細胞擺進某種模具中，讓細胞以有序的方式生長。

這個做法由北卡羅萊納州威克森林大學（Wake Forest University）的安東尼・阿塔拉（Anthony Atala）等人率先開創。我有幸為BBC電視台採訪了阿塔拉。當我走進他的實驗室，心中大感驚訝，眼前一些大瓶子裡面裝了人類器官，好比肝臟、腎臟和心臟。我幾乎覺得自己走進了一部科幻電影。

我向他請教，他的研究是如何進行的。他告訴我，首先他用細微塑膠纖維製作出一個特殊的模具，形狀就像他想培養的器官外形。隨後他在模具裡面植入胚種，也就是從患者身上取出的器官細胞。接著他使用一種成長因子混合劑來刺激這些細胞。這些細胞開始蔓延長進模具的纖維。最終，這件可生物分解的模具就會消失，只留下幾乎完美的器官複製品。接著，這件人工器官就會被植入患者的體內，並開始正常運作。由於這些細胞來自患者自己的組織，所以不會啟動排斥機制，於是這就避開了器官移植面臨的主要問題之一。同時也不會有癌症風險，因為他並不操控細胞內部的細膩遺傳物質。

他告訴我，成功製造的器官多半只包含少數幾類細胞，這包括皮膚、骨骼、軟骨、血管、膀胱、心臟瓣膜和氣管。他說，肝臟比較困難，因為它包含好幾類不同細胞。至於腎臟則是由於它包含了好幾百條纖小管道和過濾器，目前仍是個未完成的項目。

他所採途徑或許也可以和幹細胞結合，於是有一天或許就可以在器官耗損時再生出體內的一些完整器官。例如，由於心血管疾病是美國死亡的首要原因，未來或許有可能在實驗室中培養出整顆心臟。這就彷彿是在打造一家「人體修復廠」。

其他團隊正投入實驗以 3D 列印來製造人體器官。就如同電腦印表機能噴出微小墨滴來形成影像，這些技術也可以被改造來噴出人體心臟個別細胞，逐一彙整形成心臟組織。如果細胞回春技術成功地創造出年輕的細胞系，那麼或許就可以採用組織工程學並以幹細胞來培養出身體的任何器官，例如心臟。

如此一來，我們就能避開提索奧努斯所面臨的問題。

量子電腦的角色

量子電腦有可能會對這些努力產生直接影響。在不久的將來，人類群體多數個體的基因組都會完成定序，共同納入一個巨大的全球基因庫中。這個龐大的遺傳資訊儲存庫有可能會讓傳統數位電腦不堪負荷，但分析大量數據正是量子電腦的強項。或許這就能讓科學家得以分離出受老化過程影響的基因。

例如，科學家已經能夠分析年輕人和老年人的基因並進行比較。採用這種方式，已經有大約一百個左右的老化密集影響基因識別出來了。結果顯示，許多這些基因都與氧化歷程有關。未來，量子電腦就會投入分析更大規模的遺傳數據。這會幫助我們了解基因錯誤和細胞錯誤主要在哪裡積累，同時也能釐清哪些基因有可能實際控制老化過程。

量子電腦不只可以將大多數發生老化現象的基因分離出來，它們還可能反向操作：分離出見於極長壽但依然很健康的人身上的基因。人口統計學家知道確實有這類超長壽事例，也就是似乎打破了命運規律、比預期活得遠更為長久而且日子過得健康強健的人。因此，量子電腦在分析這些大量原始數據之後，有可能發現能指示出極健康免疫系統的基因，從而使老年人得以避開有可能把他們擊垮的疾病，也讓他們長命百歲。

當然，也有一些個體的老化速率極高，於是他們在孩童時期就因年老而死亡。類似維爾納症候群（Werner syndrome）和早年衰老症候群（progeria）這樣的疾病就像夢魘，孩子們幾乎就在你眼前迅速老化。他們很少能活過二、三十歲。研究顯示，除了其他問題之外，他們的端粒都很短，這可能就是導致他們加速老化的部分起因。（基於相同道理，對阿什肯納茲猶太人〔Ashkenazi Jews〕的研究則顯示了相反的情況，長壽的受試者擁有超活躍版本的端粒酶，這或許就能解釋他們為什麼長壽。）

此外，對於年齡超過百歲人瑞的測試顯示，他們的DNA修復蛋白「聚腺苷酸二磷酸核糖基聚合酶」（poly (ADP-ribose) polymerase, PARP）含量水平顯著高於年齡在20到70歲之間的較年輕個體。這表明較長壽個體擁有較強大的DNA修復機制來逆轉基因損傷，也因此得以活得更久。這些百歲人瑞也擁有與他們的年齡並不相符的細胞，類似於從遠更年輕個體身上取出的細胞，顯示老化現象延緩了。接著這或許也就能夠解釋，為什麼活到80歲多的人，比普通人有更高的概率能夠活到90多歲及以上。這或許是由於免疫系統薄弱的人，在到達80多歲之前就已經去世，而能夠生存下來的人則擁有更強健的DNA修復機制，而這就能延長他們的壽命到90多歲及以上。

因此，量子電腦或許可以將關鍵基因區分為以下幾類：

- 在所屬年齡層中特別健康的老年人
- 免疫系統能夠擊退常見疾病，從而得以延長壽命的個體
- 基因中已經積累眾多錯誤，導致加速老化的個體
- 明顯偏離常態的個體，例如那些因維爾納症候群和早年衰老症候群等疾病導致老化出奇快速的人

一旦與老化連帶有關的基因被分離出來，接著或許 CRISPR 技術就有可能修復其中許多基因。這裡的目標是要修復引發大半老化現象的基因，並使用量子電腦來區隔出該歷程的精確分子機制。

到未來或許就能開發出混合不同藥物和療法的雞尾酒組合，來延緩或甚至有可能逆轉老化。不同醫療介入方式協同作用或許能夠讓時間倒流。

關鍵在於量子電腦將能夠在老化過程的進行場域，在分子層級對它發動攻擊。

數位永生

除了生物學上的永生，我們還有可能運用量子電腦來真正實現數位永生。

我們的大多數祖先在生前死後都沒有留下任何痕跡。或許在教堂或寺廟的紀錄中留有一行文字，記錄了我們祖先何時出生，另一行則記錄了他們何時去世。也或許在一處荒廢的墓地裡，有一塊殘破的墓碑上刻著我們祖先的名字。

僅此而已。

整個一生的寶貴記憶和經歷，就這樣淪為書中的兩行文字和一塊刻了字的石頭。使用 DNA 來追溯血統世系的人往往發現，他們的蹤跡追溯不到一個世紀很快就會消失。他們的整個家族史在一、兩代之後就化為塵土。

不過今天，我們留下了強大的數位足跡。單就我們的信用卡交易，就能合理地窺探我們的歷史和人格，我們的喜好和嫌惡。每一筆消費、度假、體育賽事或禮物，都被記錄在某台電腦中。在我們不知不覺當中，我們的數位足跡創造出了我們自身的鏡像。未來，這大批海量資料就能為我們提供我們人格的數位再現。

目前，人們已經開始討論藉由一種數位化歷程來重新喚醒歷史人物和知名人士，讓他們在公眾面前現身。今天，你有可能會前往圖書館查閱邱吉爾的傳記。未來，你說不定還能直接與他交談。他的所有信件、回憶錄、傳記、訪談等，將會被數位化並對外公開。你或許能與那位前首相的全息影像交談，共度一個悠閒的午後，並和他進行一場深刻的對話。

我個人非常希望能夠花點時間和愛因斯坦交談，向他請教他的目標、成就還有他的科學哲學。他會如何看待他的理論這般蓬勃綻放，發展出了諸如大霹靂、黑洞、重力波、統一場論等等壯闊的科學領域？他會如何看待量子理論這般隨著時間演變的經歷？他留下了大量的書信和私人函件，披露了他的真實性格和思想。

最終，普通人也可能實現數位永生。2021年，《星際爭霸戰》電視劇明星威廉・薛特納（William Shatner）達成了一種型式的數位永生。他被安置在一台攝影機前，持續四天，回答了好幾百則有關於他的生活、目標、哲學的個人問題。隨後，一個電腦程式分析了這批材料，並根據主題、地點等事項進行了時間順序排列。未來，你說不定就可以直接向這個數位化的薛特納提出個人問題，於是它就會以相干、理性的方式來答覆，就彷彿他是在你的客廳裡跟你聊天一樣。

未來，你不會需要坐在電視攝影機前才能數位化。在不經意間，我們下意識地使用手機的攝影機來記錄我們的日常活動和生活。事實上，許多青少年已經創造出了巨大的數位足跡，記錄了他們的惡作劇、笑話和滑稽行為（其中一些有可能會永遠活在網際網路上頭）。

通常，我們將生活視為一系列偶發事件、巧合和隨機經歷。但有了強化的人工智慧，往後我們就能夠編輯這批珍貴的記憶寶庫，並以有序的方式來予整理。同時量子電腦也能幫忙篩選這些資料，利用搜索引擎找到缺失的背景資料並編輯敘事。

在某種意義上，我們的數位自我將永不消亡。

因此，在我們死後，我們寶貴的個人記憶和成就遺產，或許也不必然就得隨著時間的流逝而消散。也許量子電腦會賦予我們一種永生的形式。

總結來說，科學家如今正開始確認一些延長人類壽命的相關途徑。然而，這些途徑在分子層級上實際是如何運作的，就這點則依然是個謎。例如，某些蛋白質如何加速 DNA 的分子修復？量子電腦有可能發揮決定性作用，由於只有量子系統才能完全解釋（好比分子交互作用這樣的）另一個量子系統。一旦像 DNA 修復這樣的精確機制為人理解，我們或許就能予以改進來延緩或甚至於停止老化過程。

量子電腦也可能賦予我們數位永生的能力。結合了人工智慧，我們應該就能夠創造出一個能夠精確反映出我們本性的數位副本。目前已經有相關步驟開展來完善這個過程。

但是，量子電腦的下一個前沿，不僅只是運用量子力學來處理我們身體內空間的問題，我們還要把量子電腦應用於外部世界，解決全球暖化、駕馭太陽能並解開周圍世界的謎團。下一個目標是利用量子電腦來理解宇宙。

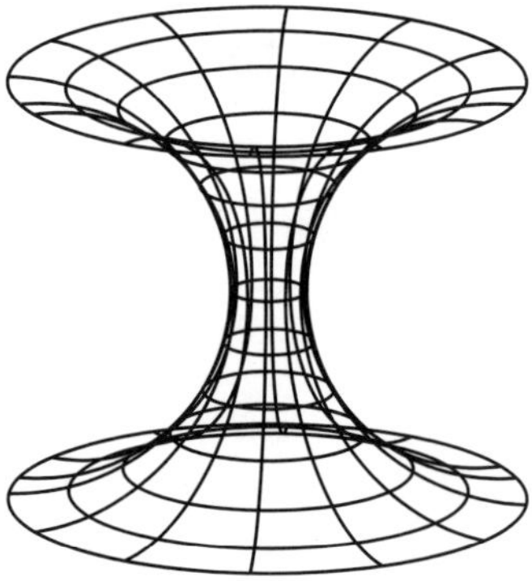

第四篇

模擬世界和宇宙

第十四章

全球暖化

有次我前往冰島首都雷克雅維克（Reykjavík）的大學發表一場演講。飛機接近機場，我向外俯瞰幾乎全無植被的貧瘠火山景象。那就彷彿是一趟回溯時光的旅行。機場附近那片地帶十分荒涼，成為了遠眺回顧數百萬年之前過往的絕佳地點。

後來，我參加了一場校園導覽，迫不及待想看看他們的冰芯研究，這些冰芯能記錄數千年期間的氣候變遷。

他們的實驗室位於一個大房間裡面，房間宛如巨型冷凍庫，裡面也同樣冰冷刺骨。我注意到桌子上擺了幾根長金屬棒，直徑約 1.5 英寸，長度好幾英尺，每根棒裡面都裝了從冰層深處取出的冰芯樣本。

有些金屬棒是開啟的，你可以看到裡面有長長的白色冰柱。當我意識到自己眼前是好幾千年前飄墜北極地表的冰時，不禁打了個寒顫。我正凝視著一個年歲早於有紀錄歷史的時光膠囊。

仔細觀察這些冰芯，我可以看到冰中有一系列細薄的棕色水平帶狀物。科學家告訴我，那每一條帶狀物都是由古代火山噴發釋放的煤煙和灰燼所形成的。

藉由測量各條帶狀物之間相隔多遠，你就可以拿它們來和已知的火山噴發進行比對，從而確定其年齡。

他們還告訴我，在冰芯中有微小的氣泡，這些氣泡就像是數千年前大氣的快照。藉由分析這些氣泡的化學成分，我們就能輕易判定，當初大氣中的二氧化碳含量。

（計算冰芯形成時的溫度就比較困難，這是間接完成的。水是由氫和氧組成的 H_2O。然而，水有一種沉重的版本，其中氧 -16 和氫 -1 原子被一種含有額外中子的同位素取代，形成氧 -18 和氫 -2。當氣溫相對較暖時，這種較沉重的 H_2O 就會較快蒸發。因此，藉由測量重水分子與普通水分子的比率，我們就可以計算出冰起初形成時的溫度。重水含量愈高，說明雪起初落下時的氣溫愈低。）

最後，我看到了他們煞費苦心得出的極具啟發性的研究成果。圖表上，好幾個世紀以來的溫度與二氧化碳含量如同一對雲霄飛車般同步上下波動。顯然地，地球的溫度與空氣中的二氧化碳含量之間存有緊密的重要關聯。（如今，這些冰芯甚至可以追溯到更早的時期。

2017年，科學家在南極成功提取了270萬年前的冰芯，揭示了我們地球先前不為人知的歷史。）

分析這張圖表時，好幾件事情讓我讚嘆不已。首先，你會注意到溫度的劇烈波動。我們常以為地球很穩定，然而這提醒了我們，它是個充滿動態變化的星體，氣溫和氣候都有大幅擺盪。

其次，你會注意到，最後一次冰期約在一萬年前結束，當時北美洲大部分地區都被厚度將近0.8公里的堅冰覆蓋。但自那時以來，大氣逐漸升溫，這為人類文明的興起創造了條件。由於我們有可能在大約一萬年之後再次進入冰期，這就意味著人類文明的興起恰巧發生在兩個冰期之間的間冰期。若不是這段冰融時期，我們很可能仍會以小型遊牧獵人和拾荒者群的形式生活在冰天雪地，四處流浪，拚命尋找食物殘羹。

但吸引我注意的是，自從一萬年前終止的上一次冰期結束以來，溫度一直在緩慢上升，然而在過去一百年內，溫度突然出現了尖峰，這正好與工業革命的來臨和化石燃料的燃燒同時發生。

事實上，藉由分析全球的溫度，科學家得出結論：2016年和2020年成為有史以來最熱的兩個年份。事實上，從1983年到2012年的這30年期間，是過去一千四百年來的最熱時期。因此，晚近地球的加溫並不是出自間冰期所帶來的自然暖化副產品，而是某種極不自然的現象。眾多因素當中，居主導地位的候選因素就是人類文明的崛起。我們的未來有可能取決於我們能不能預測天氣模式並制定出切實可行的行動綱領。我們現在正接近傳統電腦所能執行的能力極限，因此我們會需要借助量子電腦來為我們提供對全球暖化的準確評估，以及針對未來可能情景提出「虛擬天氣預報」，而這也就讓我們得以調整某些參數，來觀察它們如何影響氣候。

這當中的一種虛擬天氣預報，有可能掌握了人類文明未來的關鍵。

如同阿里・埃爾・卡法拉尼在《富比士》雜誌中所述：「量子電腦從環境視角來看也具有巨大的潛力，專家預測，藉由量子模擬，量子電腦將在幫助各國達成聯合國可持續發展目標（United Nation's Sustainable Development Goals）方面發揮關鍵作用。」[1]

二氧化碳和全球暖化

最重要的是，我們需要準確評估溫室效應，以及人類活動對它產生的影響。

太陽發出的光可以輕易穿透地球大氣，不過當它從地表反射時，能量就會減損並轉化為紅外線熱輻射。然而，由於紅外線輻射難以穿透二氧化碳，熱量就會被困陷在地球上，從而使地球升溫。2018 年，世界上八成的能量出自燃燒化石燃料，而這就會生成二氧化碳這種副產品。因此，過去一個世紀溫度猛然激升，很可能就是多種因素造成的，特別是工業革命所導致二氧化碳的積累。

過去一百年來地球的快速升溫，也從完全不同的來源得到了證實，不是出自地下冰芯內太空，而是來自外太空。從那個視角來看，全球暖化的影響呈現一幅十分戲劇化的圖像。

例如，美國航太總署的氣象衛星可以計算出地球從太陽接收的能量總額，這些衛星也可以測定地球向外太空回射的能量總額。若是地球處於平衡狀態，我們就會見到，能量的輸入與輸出大致相同。仔細考慮所有因素，我們就會發現，地球吸收的能量多於輻射回太空的能量，這就導致地球升溫。接著倘若我們比較地球捕捉到的淨能量，結果大約與人類活動所生成的能量相當。因此，推動晚近地球升溫的主要元凶似乎是人類活動。

衛星照片揭示了這陣暖化帶來的後果。這些今天的照片可以和幾十年前拍攝的照片相互比對，表明了地球地貌的明顯變化。我們看到，在這幾十年間，所有主要的冰川都退縮了。

從 1950 年代開始就有潛水艇造訪北極。他們發現，過去 50 年間的冬季月份冰層變薄了五成，每年厚度約減少百分之一。（未來的孩子們可能會好奇，為什麼他們的父母會談到聖誕老人來自北極，因為那時在北極幾乎完全看不到冰了。）根據航太總署的科學家預測，到本世紀中葉，北極海在夏季就會完全沒有冰。

颶風活動也可能發生變化。颶風起初是在非洲海岸生成的溫和熱帶氣流，接著它橫跨大西洋。一旦抵達加勒比海，接著就像保齡球一樣，如果角度恰當，它們就會進入墨西哥灣的溫暖水域，並隨之強化，變成巨獸級風暴。自 1980 年代以來，侵襲美國東岸的颶風，就強度、頻率和持續時間等層面全都增強了，這有可能是肇因於海水溫度上升。因此，未來我們有可能會看到威力和破壞力都不斷增強的颶風。

未來預測

對地球氣候的電腦預測顯得相當淒涼。自 1880 年以來，全球海平面已經上升了 20 公分。（這是由於海洋溫度上升，導致海水總體積膨脹。）到 2100 年，海平面上升量很可能就會高達 30 至 240 公分。2050 年至 2100 年的世界地圖顯示沿岸地區出現了引人注目的變化。

「由全球氣候變遷所驅動的海平面上升，對美國當前以及未來幾十年乃至於幾個世紀來說，都是個確鑿而且迫切的風險。」根據航太總署與美國國家海洋暨大氣總署（National Oceanic and Atmospheric Administration, NOAA）的一份報告所述。[2]

但每垂直失去一英吋，沿海地區的可用海岸線也就有可能失去水平一百英吋的面積。因此，地球的地圖正逐漸發生變化。此外，由於大氣中已經有大量熱量持續循環，海平面將繼續上升直至 22 世紀。至少這就意味著，隨著海浪開始沖刷翻越攔水壩和防波堤，沿海地區將會經歷大規模的洪水。

美國航太總署署長比爾 ‧ 尼爾遜（Bill Nelson）針對最近美國航

太總署／國家海洋暨大氣總署發布的氣象報告評述表示：「這份報告支持了先前的研究，並確認了我們早已了解的事實：海平面正以驚人的速度上升，對全球各地的社區構成威脅……我們需要採取緊急行動來緩解這場已經全面開展的氣候危機。」[3]

全球各地的沿海城市都必須應付處理上升的水位。威尼斯在一年內某些時節已經淹在水下。紐奧良的部分地區已經位於海平面以下。所有沿海城市都必須為未來幾十年海平面的上升制定因應計畫，例如水閘、堤防、堰壩、疏散區域、颶風預警系統等。

甲烷作為一種溫室氣體

甲烷的溫室氣體效能實際上可以達到二氧化碳的 30 多倍。危險之處在於，加拿大和俄羅斯附近的北極地區擁有廣袤的凍原，這些地帶有可能逐漸消融，釋放出甲烷氣體。

有一次我前往西伯利亞的克拉斯諾亞爾斯克（Krasnoyarsk）演講。那裡的居民告訴我，他們其實並不介意全球暖化，因為這就意味著他們的家不會再一直被凍住。他們還告訴我一個奇怪的事實：隨著氣溫上升，數萬年前死亡的巨型長毛象的遺骸正從冰下顯現出來。

儘管生活在西伯利亞的當地居民可能不介意比較溫和的天氣，真正的危險卻會影響全球其他地區，釋放出來的甲烷氣體有可能會引發一種無法控制的連鎖反應。地球升溫愈高，凍原融化得愈快，也釋出愈多的甲烷氣體。而這些甲烷氣體會進一步加劇地球的升溫，從而重新啟動這個循環。因此，凍原融化得愈多，我們的星球就會愈來愈熱。由於甲烷是種效力強大的溫室氣體，這就意味著許多未來的電腦預測，有可能會低估全球暖化的真正規模。

軍事影響

我們隨處可見全球暖化的影響。就以農民為例，他們與天氣循環緊密相依，而且他們非常清楚，如今夏季時段平均比以往長了大約一週。這影響了他們播種的時間以及那年該種植哪些作物。

像蚊子這樣的昆蟲也逐漸向北移動，說不定還帶著熱帶疾病北傳，例如西尼羅河病毒。

由於隨著天氣循環的能量不斷增強，這就意味著天氣動盪會更加劇烈，也不僅只是氣溫穩步上升。因此，我們可以預期森林火災、乾旱和洪水會變得愈來愈常見。過去曾用「百年一遇風暴」來形容極為罕見但非常劇烈的事件，如今它們似乎出現得更為頻繁了。2022 年，歐洲和美國遭遇了特別高溫侵襲，打破了地表大半地區的紀錄，引發了大規模的森林火災、湖泊消失和脫水死亡等嚴重後果。

令人不安的是，比起地球上的其他區域，能對天氣施加巨大影響的兩極地區，加速升溫得還要更快。單就過去 20 年內，格陵蘭的融冰量就已經足夠產生能覆蓋美國全境 45 公分的水。

在此同時，南極的冰層下也出現了由新融冰雪形成的地下河流。如今情況似乎已經明朗，兩極並不像以前所想的那麼穩定。

美國航太總署／國家海洋暨大氣總署最近出了一份報告，內容聚焦論述南極別號「末日冰川」的思韋茨冰川（Thwaites Glacier）有可能坍塌。俄勒岡州立大學的冰川學家艾琳・佩蒂特（Erin Pettit）表示：「東側冰棚很可能會分裂成數百座冰山，突然間整條冰川就會坍塌。」[4]

這也帶來了地緣政治和軍事上的影響。五角大廈曾經針對假如全球暖化失控的處境，擬出了一種最糟糕處境預案。預案指出最致命的熱點之一是孟加拉和印度的國界。由於海平面上升和嚴重洪水，有一天全球暖化很可能迫使孟加拉數百萬民眾逃難湧向印度邊界。這大批絕望的人群或有可能輕易碾壓邊防部隊。隨後，印度軍方將承受巨大的壓力，必須擊退一波又一波試圖逃離洪水的人群。到了最後關頭，印度軍方有可能奉命使用核武來保護國家邊界。

這是種最糟糕狀況，但它生動地說明了當事態失控時有可能發生什麼情況。

極地渦旋

有些人指向近期席捲美國遼闊地區的怪獸級暴風雪，並指稱全球暖化的威脅被極度誇大了。

但我們必須檢視導致冬季天氣不穩定的原因。每當發生強烈的冬季風暴，天氣預報就會詳細描述噴射氣流的動態，看它如何從阿拉斯加和加拿大一路蜿蜒而下，帶來冰冷的天氣。

然後噴射氣流便依循極地渦旋的迴轉狀況隨之擺盪。極地渦旋是一股狹窄的、旋轉的超冷氣柱，中心位於北極。最近的衛星照片顯示，極地渦旋變得更不穩定了，於是它四處漂移，也推動噴射氣流朝更南方轉移，從而導致異常寒冷的冬季天氣。

有些氣象學家便曾指出，渦旋的不穩定性或許能以全球暖化來解釋。通常，極地渦旋相對穩定，也不會偏離太遠。這是由於極地渦旋和較低緯度區之間的溫度差相對較大，這提增了極地渦旋的強度，進而使之更加穩定。然而倘若極地區域的溫度提增超過溫帶氣候區的升溫速率，那麼溫度差就會縮減，從而降低渦旋的強度。接著這就會推動噴射氣流進一步南下，導致美國德州和墨西哥出現異常天氣模式。

因此，全球暖化有可能就是南方部分嚴寒天氣的起因，真令人啼笑皆非。

我們該怎麼辦？

那麼我們該怎麼處理這個問題呢？

我們可以寄希望於可再生能源和節能措施，期盼這能逐步使文明擺脫對化石燃料的依賴。或許一種超級電池能促成高燃料效率的電動車，幫助導入太陽能時代。或許各國能嚴肅面對這個問題。也或許到了本世紀中葉，核融合能源就能投入使用。

但如果所有其他方法都失敗了，那麼一個備選方案就是嘗試利用地球工程學來解決問題。這些就是針對最糟糕處境的解決方案。

1. 碳封存

最保守的方法是碳封存，或在煉油廠分離出二氧化碳，接著就把它埋藏地下。這在小規模尺度上已經進行嘗試。另一個想法是將二氧化碳分離出來，然後拿它來與火山岩中的玄武岩混合處理貯藏。這個想法是切實可行的，但關鍵問題在於經濟效益。碳封存是要花錢的，企業必須找到合理論證來支持做這樣的操作。因此，許多公司對碳封存採觀望態度。這項技術能不能生效，在經濟上可不可行，目前尚未定論。

2. 天候調控

1980 年聖海倫斯火山（Mount St. Helens）爆發時，科學家得以計算出飄散進入環境中的火山灰總量以及後續對氣溫的影響。火山爆發所致大氣變暗，顯然將更多的陽光反射回太空，從而產生了降溫效果。

我們或可計算出需要多少顆粒物質來實現全球降溫。

然而，這個方案也伴隨著危險。考量到這項行動的規模，要測試這個點子是非常困難的。即便火山爆發暫時讓氣溫降低個幾度，影響依然太過輕微，不足以避免全面性氣候災變。

3. 藻華

另一個可能性是給海洋撒種，投放能吸收二氧化碳的材料。例如，藻類可以在鐵上生長，而且藻類接著就能吸收二氧化碳。因此，在海洋中投放鐵，我們或許就能利用藻類來約束二氧化碳。不過這裡的問題在於，我們是在擺弄我們無法控制的生命形式。藻類不是固定不變的，可能會以無法預見的方式繁殖。而且你不能像召回出問題的汽車那樣召回生命體。

4. 雨雲

另有人建議使用一種古老技術來調控天候：碘化銀晶體。古代人或許試過靠跳舞和咒語來求雨，而國家和軍隊則嘗試藉由向大氣噴射化學物質來達到這個目的。例如，碘化銀晶體可以加速水蒸氣凝結，或許這就能誘發雨雲來生成雷陣雨。據信，這種手法便曾在越戰期間由美國中央情報局著手探究，看能不能在雨季誘發洪水淹沒北越藏身處所來挫敗敵軍。

另一個版本稱為雲層增亮法（cloud brightening），或就是在雲層撒播晶種，讓它反射更多的太陽能返回太空。

不幸的是，天候調控的作用範圍非常有限，只影響狹小地區，而地球表面非常廣闊。為雨雲撒播晶種的成效紀錄並不理想，效果極不穩定。

5. 種植樹木

或許可以基因改造植物，使它們比正常植物吸收更多的二氧化碳。這可能是最安全也最合理的方法，但很難相信這能為這整顆行星移除足夠的二氧化碳來逆轉全球暖化。而且，由於全球的林地大半由不同國家東拼西湊各別控管，每個國家都各有自己的盤算，因此要實施這般宏大的計畫，需要許多國家秉持政治意志共同合作。

6. 計算虛擬天氣

考慮到所涉及的巨大風險，我們期盼量子電腦能夠計算出最佳方案。最重要的任務是彙整所有數據，並盡可能準確地進行預測。

量子電腦與氣象模擬

所有的電腦氣象模型一開始都先將地球表面劃分成小方格或網格單元。回顧 1990 年代，電腦模型最初使用每邊五百公里的方形網格。隨著電腦運算能力逐漸增強，這些網格的尺寸也不斷縮小。（在 2007 年的政府間氣候變遷專門委員會〔Intergovernmental Panel on Climate Change,

IPCC）的第四次評估報告中，網格大小為每邊 109 公里。）[5]

接著，這些方格延展到了第三維度，於是它們成為描述大氣各層的正方形層板。通常，大氣被區分成十個垂直層板。

把整個地球表面和大氣劃分成這些個別層板之後，接著電腦就可以分析每個層板內的參數（如濕度、陽光、溫度、大氣壓力等）。隨後電腦還可以運用已知的大氣與能量的熱力學方程式，計算出相鄰單元中的溫度和濕度變化，直到把整個地球都含括在內。

藉由這種方式，科學家就可以大致預估出未來的天氣。要查核這些結果時可以針對它們進行所謂的追算（hindcasting）「檢定」，也就是將電腦程式倒轉在時光中逆行，從當前的天氣狀況開始，我們就可以看能不能「預測」出過去的天氣，而那時的天氣條件我們已經準確得知。

追算表明，儘管這些電腦模型並不完美，它們仍能正確「預測出」過去 50 年的整體天氣模式。然而，由於數據量極其龐大，這會挑戰普通電腦能夠達到的運算極限。隨著任務複雜性的提增，數位電腦最終就會不堪負荷，因此有必要過渡轉向量子電腦。

不確定性

不論我們的電腦程式多麼強大，總會存在未知的問題或料想不到的因素，這些是很難模擬的。或許最嚴重的不確定性是出自有雲，因為雲層可以將陽光反射回外太空，從而稍微減弱溫室效應。由於地球表面平均有高達七成的面積被雲層覆蓋，因此這是個重要因素。

問題在於雲層的形成每分鐘都在改變，於是長期預測變得非常不確定。雲層會立即受到溫度、濕度、氣壓、風帶等因素的快速變化影響。氣象學家根據過去資料對預想的雲層活動進行粗略估算來彌補這一點。

另一個不確定性的來源是之前提到的噴射氣流。當你觀看天氣預報時，衛星照片會顯示北極附近的冷空氣團繞行全球四處流動，通常侷限在北方，但有時會向南延伸達墨西哥。由於噴射氣流的精確路徑難以預測，氣象學家通常會就噴射氣流引起的溫度變化進行平均估算。

重點在於，考慮到不確定性，數位電腦的能力有限。不過，量子電腦或許有辦法解決幾個最大的不確定性根源。首先，量子電腦可以計算出，若是我們縮小層板尺寸來讓預測更為準確，這時會發生什麼狀況。天氣在一公里的範圍內可以迅速變化，然而這些層板通常是好幾公里寬，因此會引入誤差。不過量子電腦就能夠因應處理遠更為窄小的層板尺寸。

其次，這些模型是在固定層級上估算噴流和雲層等因素。量子電腦會有辦法納入考量這些參數的變量，於是我們就可以簡單地調整旋鈕來改變它們。如此一來，量子電腦將能夠構建出具有關鍵變量參數的虛擬天氣預報。

我們在電視上觀看颶風預測路徑時就可以看到傳統電腦的侷限

性。不同電腦模型的預測顯示在螢幕上，你可以看到它們相差多大。不同電腦程式的重要預測，例如颶風何時在哪裡登陸，以及它會向內陸推進多遠，通常會有好幾百公里的差距。

不過當我們向量子電腦過渡時，這些不確定性、這類往往會耗費數百萬美元和許多無辜生命的變數，就會大幅縮減。

量子電腦生成的更準確的天氣報告可以提供更好的預測，幫助我們做好準備來應付可能的預案情境。

但由於化石燃料的燃燒是驅動全球暖化的主要因素之一，調查替代能源就成為重要的事項。未來一種重要的廉價能源有可能是核融合動力，也就是在地球上運用太陽的能量。而核融合動力的關鍵可能就是量子電腦。

第十五章
瓶子裡的太陽

自古以來，人們崇拜太陽，認為它是生命、希望與繁榮的象徵。希臘人相信太陽神海利歐斯氣宇軒昂地駕著他的烈焰戰車，橫越天空，照亮世界，並為底下的凡人帶來溫暖與慰藉。

不過晚近以來，科學家試圖揭開太陽的祕密，並將它的無限能量帶來地球上。領先的候選方案稱為核融合，有人形容這就像把太陽裝進瓶子裡。理論上，這似乎是解決我們所有能源問題的理想方案。它能永恆不斷地產生無限的能源，而且不會有關於化石燃料和核能的眾多連帶問題。並且，由於核融合是碳中性的，它有可能拯救我們擺脫全球暖化。

這看來就像美夢成真。

然而，物理學家過度吹捧了這項技術。有個玩笑這樣講：每 20 年，物理學家就宣稱核融合動力再過 20 年就會實現。但如今，主導的工業國家宣稱，核融合動力終於觸手可及，它將兌現可以幾乎免費提供無限能源的承諾。

如今，核融合反應爐仍然十分昂貴又極其複雜，因此這門技術的商業化有可能還得再等幾十年。然而，隨著量子電腦問世，許多科學家期盼妨礙核融合動力生產的部分難纏問題終能得解，並為促成核融合反應爐切實可行並具經濟效益的現實奠定根基。量子電腦有可能成為幫助將核融合動力導入我們的家庭和城市的關鍵技術。

期盼核融合能源能在全球暖化不可逆地使地球升溫之前實現商業化。

為什麼太陽會發光？

人們一直好奇，是什麼力量讓太陽運轉。它的能量似乎是無限的，甚至是神聖的。有些人推測，太陽肯定是種巨大的天空火爐。但簡單的計算顯示，燃燒燃料只能維持幾個世紀或好幾千年，而且在太空的真空中，火焰會立即熄滅。

那麼，為什麼太陽會發光？

這個太陽之謎最終由愛因斯坦著名的方程式 $E=mc^2$ 解開。物理學家發現，主要由氫組成的太陽，是藉由將氫核融合形成氦來獲得龐大的能量。把原始氫的重量拿來和氦的重量相互比較時，就會發現有細微的質量喪失了。在融合過程中，一小部分原始質量消失不見，根據愛因斯坦的公式，這筆質量虧損轉化成為龐大的能量，照亮了整座太陽系。

當氫彈爆炸釋放出鎖閉在氫原子內部的龐大動力時，公眾這才意識到這股潛藏在氫原子中的驚人力量。從某種意義上說，一部分太陽被帶到了地球上，並帶來了意義深遠的影響。

核融合的優勢

實際上有兩種方式可以釋放這種核子火焰。我們可以藉由核融合將氫融合成氦，或者我們也可以藉由核分裂將鈾或鈽原子裂解來釋出核能。在這兩種過程中，當你將原料的重量與最終產物的重量相比較時，都有一小部分質量消失了，這些消失的質量仍能找到，不過已經化為核能。

雖然所有商用核電廠的能源都來自鈾核分裂，但核融合有一些明顯的優點。

首先，不同於分裂式發電廠，核融合並不會產生出大量致命的核廢料。在分裂反應爐中，鈾原子核分裂釋出能量，然而同時它還會接連產生出數百種放射性核分裂產物，如鍶 -90、碘 -131、銫 -137 等。其中一些放射性副產品的輻射效應有可能持續數百萬年之久，需要動用龐大的核廢料儲存場在未來很長的時間內被嚴密看管。例如，一座商用核分裂電廠一年內就能產生出 30 噸的高放射性核廢料。核廢料儲存場就像巨大的陵墓。全球目前約有 37 萬噸的致命核分裂產物需要被謹慎監控。

相形之下，核融合電廠生成的廢棄物是氦氣，這實際上還具有商業價值。核融合電廠會有一些受輻射照射的鋼材在數十年使用過後也變得具有放射性，但這很容易處理和埋藏。

第二，與核分裂電廠不同，核融合電廠不會發生熔毀事故。在核分裂電廠中，即使反應爐關閉，廢料仍會繼續大量生熱。萬一核分裂電廠發生事故，冷卻水流失，溫度就會急劇上升，直到反應爐達到五千華氏度並開始熔毀，導致災難性爆炸。舉車諾比為例，1986 年，電廠蒸氣和氫氣爆炸掀開了反應爐頂部，大約百分之二十五的核心放射性物質被釋出進入大氣並瀰漫歐洲各處。這是歷史上最嚴重的商用核電廠事故。

相較而言，倘若核融合反應爐發生事故，融合過程會立即停止。不會生成更多熱量，事故就此結束。

第三，核融合反應爐的燃料是無限的。相形之下，鈾的供應是有限的，並且需要一整套燃料週期，包括開採、研磨和濃縮，才能生產出可用的鈾燃料。另一方面，氫可以從普通海水中提取。

第四，核融合在釋放原子能方面的效能非常高。一克重氫可以發出九萬千瓦的電能，相當於十一噸煤的能量。

最後，核融合與核分裂發電廠都不會產生二氧化碳，因此不會加劇全球暖化。

建造核融合反應爐

核融合裝置有兩個基本成分。首先，你需要一個氫的來源，並加熱到好幾百萬度，實際上是比太陽更熱，這就可以把它轉化為電漿，

圖 9　托卡馬克

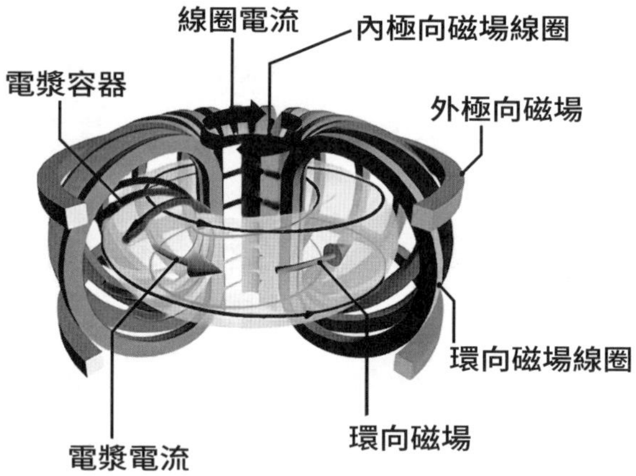

在核融合反應爐中，線圈纏繞在一個甜甜圈形狀的腔室周圍，產生強大的磁場，將超高溫電漿約束在腔內。托卡馬克的關鍵在於將氣體加熱，讓核融合釋放出大量能量。未來，量子電腦或許就可以用來改變甚至改進磁場的精確布局，從而提高它們的動力和效率，並大幅降低成本。

圖片來源：S. Li, H. Jiang, Z. Ren, C. Xu, CC BY 4.0, via Wikimedia Commons

這是物質的第四種態（前面三態是固態、液態和氣態）。電漿是種高熱氣體，溫度高得讓所含電子部分被剝離。這是宇宙中最常見的物質形態，構成了恆星、星際氣體，甚至閃電。

其次，你需要一種方法來在加熱過程中約束這些電漿。在恆星中，重力壓縮氣體。但在地球上，重力太弱辦不到這點，因此我們使用電場和磁場。

核融合反應爐最受歡迎的設計被稱為托卡馬克（tokamak），這是種俄羅斯式設計。從一個圓柱體開始，然後以導線線圈完整纏繞柱體周圍。將圓柱體首尾兩端連接在一起，形成一個甜甜圈形狀。將氫氣注入甜甜圈，然後接通電流貫穿圓柱體，將氣體加熱到極高的溫度。為了約束這種炙熱的電漿，必須灌注大量電能注入環繞甜甜圈的線圈，產生強大的磁場來約束電漿，並防止電漿觸及反應爐爐壁。

最後，一旦核融合開始，氫原子核就會結合形成氦，釋出龐大能量。就其中一種設計，氫的兩種同位素──氘和氚──會融合在一起，產生能量、氦和一顆中子。接著這顆中子就會把核融合的能量傳送到反應爐外，撞擊環繞托卡馬克的被覆層。

這層被覆材料一般是以鈹、銅和鋼製成，把它加熱之後，被覆層內管道裡的水就會開始沸騰。以這種方式產生的蒸汽就可以推動渦輪機葉片，使巨大的磁體旋轉。接著這個磁場就會推動渦輪機中的電子並產生電力，最終流入你的起居室。

為什麼進度延宕？

既然有這麼多的潛在優勢，為什麼核融合動力會一再延後問世？自從第一座核融合電廠建造完成，已經過去了大約70年，為什麼要耗費這麼久？問題不在於物理學，而是工程學。

必須將氫氣加熱到數百萬度，這已經比太陽還熱，才能讓氫原子核結合形成氦並釋出能量。但要將氣體加熱到那種極高溫度是非常困難的。氣體通常並不穩定，於是核融合反應就會熄火。物理學家花了幾十年時間設法約束氫氣，好讓你能夠把它加熱到恆星般高溫。

事後回想，物理學家可以理解，自然界在恆星核心釋放核融合能量是相對容易的。恆星形成的過程始於一團氫氣，在重力的作用下均勻壓縮。隨著這團氣體變得越來越小，溫度開始上升，直到高達好百萬度，於是氫核開始融合，恆星就此點燃。

請注意，這個歷程是自然而然發生的，因為重力是單極的，也就是說，你一開始就只有一個極（不是兩個），因此，最初的氣體球會在自身重力下自行坍縮。結果，恆星相對容易形成，也因此我們才可以用望遠鏡看到數十億顆恆星。

然而，電和磁是不同的。它們是雙極的。舉例來說，條狀磁鐵始終都有南北兩極。你無法用鎚子把北極單獨區隔出來。如果你把磁鐵斷成兩半，你就會得到兩塊較小的磁鐵，分別擁有自己的南北兩極。

因此，問題在於：要產生一個強大的磁場來將超熱氫氣壓縮成甜甜圈形狀，並且持續夠久時間來啟動核融合是極其困難的。要理解為什麼這是這麼困難，請想像手持一個長形氣球，類似用來製作氣球動物的那種。現在將氣球的兩端相連，讓它構成一個甜甜圈形狀。接著嘗試均勻地擠壓它。不論你在哪裡擠壓氣球，空氣總會在氣球的其他部分向外施壓。要擠壓裡面的空氣讓它均勻施壓是極其困難的。

國際熱核融合實驗反應爐

隨著冷戰的結束以及各國意識到建造核融合反應爐的成本高昂得令人卻步，世界各國開始整合他們的知識和資源來和平駕馭原子的能量。1979 年，推動國際核融合反應爐的氣勢開始在全球列強的權力殿堂中逐漸成形。美國總統雷根與蘇聯領導人戈巴契夫會面並協助確立了這項合作計畫。

國際熱核融合實驗反應爐（International Thermonuclear Experimental Reactor, ITER）就是這種國際合作的一個實例。包括歐盟、美國、日本和韓國在內，共有 35 個國家參與挹注這項雄心勃勃的計畫。

為了測量核融合反應爐的效率，物理學家導入了一個稱為 Q 的數量值，它表示反應爐所產生的能量與所消耗能量的比值。當 Q=1 時，達到能量平衡，意味著反應爐產生的能量等於其消耗的能量。目前，核融合反應爐的全球最高紀錄大約落在 Q=0.7 上下。ITER 計畫預期能在 2025 年達到能量平衡，不過它的設計是期盼最終實現 Q=10，這就使其產生的能量遠超過所消耗的能量。

ITER 是一台龐然大物，重達五千多噸，於是它也成為與國際太空站和大型強子對撞機齊名的歷來最複雜科學儀器之一。與之前的核融合反應爐電漿容器相比，ITER 的尺寸是之前的兩倍，重量是之前的 16 倍。它的環形腔體十分龐大，直徑達 19.5 公尺，高超過 11 公尺。為了約束電漿，它的磁體所產生的磁場，強度為地球磁場的 28 萬倍。

ITER 是全球最具雄心的核融合計畫。它的設計目標是產生淨輸出 4.5 億瓦的能量，不過並不會連接到電網。該裝置將於 2025 年開機試運轉，到 2035 年或許就能達到全功率運轉。如果成功，它將為下一代核融合反應爐奠定發展基礎。該反應爐稱為 DEMO，計畫於 2050 年完成。DEMO 的設計目標是實現 Q=25，並產生高達兩吉瓦（gigawatt）的能量。

因此，目標是在本世紀中葉之前實現商業化核融合發電。但分析人士強調，核融合動力並不會很快解決全球暖化危機。BBC 新聞科學記者喬恩・阿莫斯（Jon Amos）表示：「核融合並不是讓我們達成 2050 年淨零排放的解決方案，這是為本世紀下半葉提供能源的方案。」[1]

ITER 的關鍵在於巨大的磁場，這是由稱為超導的技術來實現的。這就是當電阻在極端低溫下完全消失，從而得以創造出最強大磁場的情況。將溫度降到接近絕對零度時，電阻就會減弱並消除廢熱，從而提高磁場的效率。

這個現象最早發現於1911年，當時科學家將汞冷卻至4.2凱氏度，接近絕對零度，產生了超導作用。在那時候，人們認為在絕對零度下，隨機原子運動會幾乎停止，電子也終於可以全無阻力地自由流動。因此，後來發現好幾種物質在更高溫度下也能產生超導作用，這就被視為一種奇怪的現象。這是個謎團。

不過直到1957年，最後才由巴丁、利昂・庫珀（Leon Cooper）和約翰・施里弗（John Schrieffer）創立了超導現象的量子理論。他們發現，在某些情況下，電子可以形成所謂的庫珀對（Cooper pair），然後就在超導體表面毫無阻力地滑行。這項理論預測，超導體的最高溫度為40凱氏度。

在ITER的磁體尚未啟動之前，好幾個相仿的但較小型的ITER版本已經證明了托卡馬克的基本設計是正確的。ITER的設計在2022年取得了長足進展，當時消息發布，兩個較小型版本，一座設於英國牛津城外，另一座位於中國，都創下了嶄新紀錄。

牛津的核融合反應爐稱為歐洲聯合環狀反應爐（Joint European Torus, JET），它能夠在整整五秒內達到Q=0.33，打破了這個反應爐在24年前創下的紀錄。這大約相當於11百萬瓦的功率，相當於足以加熱60壺水的能量。

「歐洲聯合環狀反應爐的實驗讓我們離核融合動力更接近了一步，」該實驗室的主管之一喬・米爾尼斯（Joe Milnes）表示：「我們已經證明，我們可以在機器內創造出一顆迷你恆星，並讓它持續五秒鐘，並且達到高效能，這真正把我們帶入了一個新的領域。」[2]

核融合動力權威亞瑟・特瑞爾（Arthur Turrell）說：「這是個里程碑，因為他們成功驗證了歷史上一切裝置中核融合反應所產生的最高能量輸出。」[3]

然而，幾個月過後，中國便宣布，他們能夠將電漿加熱至 1.58 億攝氏度，並使核融合持續整整 17 分鐘。他們的核融合反應爐稱為「東方超環」（EAST），全名：先進實驗超導托卡馬克實驗裝置（Experimental Advanced Superconducting Tokamak），就如同在英國的對等裝置，東方超環同樣是以托卡馬克原始設計為本，這就顯示 ITER 很可能是走在正確的方向上。

競爭設計方案

由於賭注極高，大型磁場又出了名的極難操控，目前已經提出了許多新的構想來約束電漿。事實上，大約有 25 家新創機構推出自己的核融合反應爐版本。

一般來說，所有的托卡馬克核融合設計都使用超導體，藉由將線圈冷卻至接近絕對零度，而電阻也幾乎消失時來實現。然而，1986 年，一個新的超導體類別經由嘗試錯誤被發現了，這是一項轟動的發現。這種材料在 77 凱氏度下就能進入超導態。（這種新類別的超導體稱為高溫超導體，其基本組成是冷卻像釔鋇銅的氧化物這樣的陶瓷材料而來。）這是一項驚人的消息，因為這就意味著發現了一種新的超導體量子理論，而且陶瓷材料可以藉由普通液態氮處理來把它化為超導體。這很重要，因為液態氮的價格大約和牛奶一樣便宜，也因此可以大幅降低超導磁體的成本。（乾冰，或固體二氧化碳，價格為每磅一美元。液態氮的價格約為每磅四美元。而大多數超導體使用的冷卻劑液態氦則每磅一百美元。）

這在一般人看來有可能不算是什麼重大突破，然而對物理學家而言，這開啟了一個充滿機遇的金礦。由於核融合反應爐最複雜的組件是磁體，這改變了這項技術的整體經濟性以及未來展望。

雖然高溫陶瓷超導體的發現來得太晚，無法納入 ITER，但它開啟了一個可能性，讓下一代核融合反應爐得以應用這項技術。

一項使用這種新技術並有指望成功的計畫是 SPARC 反應爐（譯注：SPARC 代表 Smallest Possible Affordable, Robust, Compact，即「最小可能的經濟實惠、堅固耐用又緊湊的設計」），該計畫於2018年公布，並迅速吸引了如比爾・蓋茨和理查・布蘭森（Richard Branson）等著名億萬富翁的關注（和資金），也讓 SPARC 得以在短時間內集資超過 2.5 億美元。（但與迄今已經投入 210 億美元的 ITER 相比，這是小巫見大巫。）

2021 年，該計畫跨越了一道重大里程碑，成功測試了所採用的高溫超導磁體，該磁體產生的磁場強度可達四萬倍於地球磁場。

麻省理工學院的丹尼斯・懷特（Dennis Whyte）表示：「這個磁體將改變核融合科學與能源的發展軌跡，我們認為最終也會改變世界的能源格局。」[4] 核融合產業協會（Fusion Industry Association）的執行長安德魯・霍蘭德（Andrew Holland）表示：「這是件大事。這不是炒作，這是現實。」[5] SPARC 有可能在 2025 年達到盈虧平衡的 Q=1 點位，大約與 ITER 同時，但成本和時間卻僅只是後者的一小部分。

然而，SPARC 本身並不能產生商業電力，但其後繼者 ARC 反應爐（譯注：ARC 代表 Affordable, Robust, Compact，即「經濟實惠、堅固耐用又緊湊的設計」）或許辦得到。如果成功，這就會移轉核融合研究的重心，推使下一代核融合反應爐採用最晚近的新技術，例如高溫超導體的進展，或許還可能包括量子電腦，因為這是強化磁場關鍵穩定性來約束電漿不可或缺的要項。

然而，隨著最近有關常溫超導體終於實現的消息宣布，超導體科學也變得相當令人困惑。通常，常溫超導體的誕生會被視為低溫物理學的聖杯，它是數十年艱苦工作的終極成果。然而，這項發現有個重大問題。物理學家終於創造出常溫超導體，但前提是要把它壓縮到大氣壓力的 260 萬倍。就連最簡單的實驗，以這種不可思議的高壓條件，都需要高度專業化的裝置，這不是所有人都具備的。因此，物理學家抱著觀望態度，看看是否能降低壓力，好讓常溫超導體成為一種實用的替代方案。

雷射融合

美國能源部採取的是種完全不同的核融合門路，他們不以強大磁體來讓氫氣加溫，而是使用巨大的雷射束。我曾經為 BBC 主持一個電視節目，為此我參觀了位於加州利佛摩國家實驗室（Livermore National Laboratory）的國家點火設施（National Ignition Facility, NIF），那是一處耗資 35 億美元的龐大機構。

由於那是一處軍事設施，並從事核彈頭設計，我必須通過多次安檢才能參觀該設施。最後，我從武裝警衛身邊走過，並被引導進入國家點火設施的控制室。就算你看過國家點火設施的書面藍圖，當你親眼見識這台機器的巨大規模時，依然會感到震撼。它確實非常龐大，相當於三個足球場的大小，高達十層樓，讓一般人顯得渺小。

從遠處眺望，我可以看到 192 道高能雷射束的路徑，隸屬地球上最強大雷射束之林。當這些雷射束射出並持續十億分之一秒，它們便擊中了 192 面鏡子。每面鏡子都經過精心定位，能反射一束雷射並引導擊中目標，那是個細小丸子，大小如豌豆，內含氘化鋰，這裡面具有豐沛的氫。

這會導致小丸表面汽化並坍縮，於是這就會將溫度提升到數千萬度。當加熱並壓縮到這等程度，融合也就會發生，於是會洩漏內情的中子也隨之發射出現。

最終目標是藉由雷射融合產生商業能源。當目標物被汽化時，中子就會被發射出現，然後穿越一層屏蔽層。就如同托卡馬克反應爐中的情況，希望這些高能中子將能量傳遞給屏蔽層，使其加熱並將水煮沸，然後將水導入渦輪機來產生商業能源。

在 2021 年，國家點火設施達成了重要里程碑。它能在百兆分之一秒內產生 10 千兆瓦的能量，溫度達到一億凱氏度，打破了先前的紀錄。它將燃料小丸壓縮到了 3,500 億倍大氣壓。

最終在 2022 年 12 月，國家點火設施以震撼的聲明登上了全球頭條，宣布它首次在歷史上實現了 Q 大於 1，即產生的能量超過了消耗的能量。這確實是一個歷史性事件，暗示核融合是個可以實現的目標。但物理學家也警告說，這只是第一步。第二步是擴大反應爐的規模，讓它能夠為整座城市提供能源。接下來，必須讓它能夠以營利方式複製並推廣到全球範圍。國家點火設施能不能商業化並創造實用的電力，目前仍有待觀察。與此同時，托卡馬克反應爐的設計仍然是最先進和最常見的。

核融合的問題

儘管核融合動力有辦法改變我們在地球上消耗能源的方式，但棘手問題卻帶來了虛假的希望和破碎的夢想。

過去許多駕馭核融合動力的努力結果都令人失望。自 1950 年代以來，已經建造了超過一百座核融合反應爐，卻沒有一座發出的能量能夠超過消耗的能量。許多反應爐後來都被廢棄。一個根本的問題是托卡馬克設計的環狀（甜甜圈狀）配置。它解決了一個問題（能在高溫下約束電漿），卻也帶來了另一個問題（不穩定性）。

由於磁場的環狀特性，很難長時間維持穩定的核融合過程並達到勞森準則（Lawson criterion）的要求，根據該準則，必須有一定的溫度、密度和持續時間，才能引發核融合反應。

倘若托卡馬克的磁場中有微小的不規則，電漿就有可能變得不穩定。

問題更因電漿與磁場之間的交互作用而進一步惡化。就算外部磁場起初能夠約束電漿，電漿也自有本身的磁場，而這就可能與反應爐的較大磁場交互作用並變得不穩定。

事實上，電漿和磁場的方程式緊密耦合並產生漣漪效應。如果列置於甜甜圈內部的磁場線出現微小的不規則現象，這就有可能導致甜甜圈內部的電漿出現不規則現象。但由於電漿擁有自身的磁場，它可以強化最初的不規則性。如此一來，就有可能出現失控影響，隨著兩個磁場彼此增強，不規則性也會變得愈來愈強。有時這些不規則性會變得十分強大，結果就可能接觸到反應爐壁面，甚至燒穿反應爐。因此，這就是為什麼要想滿足勞森準則並維持核融合過程穩定夠長時間來產生出自主運行的反應爐會那麼困難的根本原因。

量子核融合

量子電腦就在這裡派上用場。磁場和電漿的方程式都是已知的。問題在於這兩則方程式是彼此耦合的，因此它們是以複雜的方式交互作用。不可預測的微小振盪有可能會突然放大。然而，儘管在這種情況下數位電腦難以執行計算，量子電腦或許就能夠處理這種複雜的布局。

如今，若是一座核融合反應爐的設計出錯，要從頭開始重新設計反應爐是艱難得令人卻步。然而，倘若所有的方程式都在量子電腦中，那麼使用量子電腦來計算設計是不是合乎理想，或者是不是還有更穩定或更高效的設計，也就變成區區小事。

比起重新設計一款耗資數十億美元的全新核融合反應爐磁體，在量子電腦程式中更改參數要便宜得多了。

由於一座反應爐的成本可能高達一百億至兩百億美元，這就有可能省下天文數字的開銷。既然量子電腦可以計算出新設計的特性，於是新的設計就能以虛擬方式創建並完成測試。此外，量子電腦還可以輕鬆處理一系列新式虛擬設計，看它們能不能提升反應爐的性能。

量子電腦如果與人工智慧兩相耦合，它的威力還可以進一步放大。人工智慧系統可以調整核融合反應爐中各種磁體的強度。接著量子電腦就可以分析這個過程中產生的數據洪流並設法提高 Q 因子。例如，人工智慧程式深度思維已經被用來修改瑞士洛桑聯邦理工學院（Swiss

Federal Institute of Technology in Lausanne）營運的核融合反應爐。

瑞士理工學院的費德里科．費利西（Federico Felici）說：「我認為人工智慧未來將在托卡馬克的控制以及整體核融合科學中扮演非常重要的角色。」他補充說道：「釋放人工智慧的功能可以更妥善控制，並釐清更有效營運這些裝置的方法，這當中存有巨大的潛能。」[6]

因此，人工智慧和量子電腦可以協同工作，提高核融合反應爐的效率，而這反過來就可能為未來提供能量，並幫助舒緩全球暖化。

量子電腦的另一個應用是解密高溫陶瓷超導體的運作原理。前面提過，目前並沒有人知道它們怎麼能擁有這般神奇的特性。這些高溫陶瓷已經問世超過 40 年，卻仍未達成共識。理論模型已被提出了，但它們就只是理論。

不過量子電腦有可能改變這一點。因為量子電腦本身就是量子力學的，它或許能夠計算陶瓷超導體內部二維層中電子的分布狀況，從而確定哪種理論是正確的。

此外，我們已經看到，創造超導體仍然是靠嘗試錯誤來完成的。新的超導體有可能會偶然被發現。但這也意味著每次測試新材料，都必須設計出全新的實驗。目前並沒有系統性的方法來尋找新的超導體。然而，量子電腦將能夠創建出一種虛擬實驗室，用於測試新式超導體的提案。這樣一來，只須一個下午或許就能快速測試種種有趣的物質，而不必花費數年和數百萬資金來逐一檢驗每種材料。

因此，量子電腦有可能掌握了通往無汙染、廉價又可靠的能源未來的關鍵。

但是，如果我們能以量子電腦來解答核融合方程式，或許我們也能解答位於恆星核心的核融合方程式，從而披露出散布夜空的恆星內部核融爐的祕密，讓我們認識它們如何爆炸形成超新星，以及最終如何變成宇宙中最神祕的天體——黑洞。

第十六章
模擬宇宙

1609 年，伽利略 · 伽利萊（Galileo Galilei）使用他親手製造的望遠鏡來做觀測，首次見到了沒有人見過的奇觀。有史以來第一次，宇宙真正的璀璨和壯麗景象展現在人們眼前。

伽利略深深受到眼前景象的吸引。他親眼見識了宇宙每晚都在他的眼前展現出一幅炫目的全新震撼圖景。他是第一個看到月球上有深坑、太陽上有細微黑點、土星有像「耳朵」般的結構（如今稱為環），木星有四顆衛星，還有金星就像月亮同樣有不同的「相」，這一切都證明了地球環繞太陽運行，而不是太陽繞地運轉。

伽利略甚至還組織了夜間觀星會，讓威尼斯的名流得以親眼見證宇宙的真正壯麗景象。然而這璀璨的宇宙圖景與宗教當局所宣講的並不相符，於是為了這種宇宙啟示就得付出沉重的代價。教會教導說，天界是由完美、永恆的天球所組成，見證了上帝的榮耀，而地球則是深陷在肉慾罪惡與誘惑的折磨當中。然而，伽利略親眼見識了宇宙的豐富、多樣、動態與變化無常。

事實上，部分歷史學家認為，望遠鏡或許列名科學史上所曾導入的最具顛覆性的儀器之一，因為它挑戰了當前權威，並永遠改變了我們與周遭世界的關係。

伽利略靠著他的望遠鏡推翻了當時關於太陽、月亮和行星的一切認識。最終，伽利略遭逮捕、庭訊，並遭嚴厲警告說，短短 33 年前，前修士焦爾達諾 · 布魯諾（Giordano Bruno）便由於主張太空中可能存有其他太陽系，其中部分還可能孕育生命，結果在羅馬街頭被活活燒死。

由伽利略的望遠鏡點燃的這場革命，徹底改變了我們如何看待宇宙的榮耀。天文學家不再被處以火刑，他們反而發射了如哈伯和韋伯太空望遠鏡（Hubble and the Webb Space Telescopes）這樣的巨型衛星來解開宇宙的奧祕。（而且在羅馬的鮮花廣場上，就在布魯諾活活被燒死的地點，還矗立著一尊他的雕像。每天，隨著環繞遙遠恆星運行的新行星被人發現，布魯諾也都在為自己平反。）

如今，環繞地球的人造衛星擁有無與倫比的宇宙視角。像韋伯太空望遠鏡這樣的儀器，棲身它們的宇宙有利位置，在與地球相隔遠達 150 萬公里之外，開啟了天文學的新視野。

由於科學高度成功，如今已經讓科學家淹沒在數據汪洋當中，或許必須動用量子電腦才能整理並分析這批浩瀚的資訊洪流。天文學家不再必須在每個孤寂的夜晚獨自顫抖，透過他們的冰冷望遠鏡，細密記載每顆行星的運行軌跡。現在，他們動手編程來操作巨型自動化望遠鏡，由它們自動掃視夜空。

孩子們經常問一個簡單的問題：天上有多少顆星星？這是個很難回答的問題，不過我們這座銀河系擁有的恆星數量達到千億等級。而哈伯望遠鏡理論上可以探測到一千億座星系。因此，據估計，已知宇宙中的恆星數量大約是 1,000 億乘以 1,000 億 $=10^{22}$ 顆。

而這也就意味著，若有一部行星百科全書要登錄所有行星的位置、大小、溫度等資料，它就會耗盡一台超級電腦的記憶體。因此，量子電腦或許就是精確計量宇宙的要件。

量子電腦或許能夠從這座天文等級數據巨塔中篩選出重要的天體相關特徵。它們將能鎖定關鍵數據，而且只要摁下按鈕，就能從這批混亂的數據洪流中提取出重要的結論。

此外，藉由計算恆星內部深處的核融合，量子電腦或許還能夠預測下一次的巨型太陽閃燄會在何時癱瘓電力網路。量子電腦或許也能解出描述流浪小行星、爆炸恆星、宇宙膨脹以及黑洞內部情況的方程式。

殺手小行星

分析這些遠更貼近人類住家的天體還有一個實際的原因。這當中有些很可能實際上是很危險的，足以摧毀我們所知的地球。六千六百萬年前，一顆直徑將近十公里的天體撞擊墨西哥的猶加敦半島（Yucatán Peninsula）。那次撞擊釋出了十分巨大的能量，形成了一處近 320 公里寬的隕石坑，激發了約 1.5 公里高的海嘯，洪水肆虐墨西哥灣。它還引發了一場炙熱隕石風暴，隨後還點燃熊熊烈焰席捲那整片區域。當濃密塵雲遮斷陽光，把地球籠罩在黑暗當中，氣溫便急劇下降，導致龐大的恐龍無法再狩獵或進食。當時或許有百分之七十五的生命形式，都隨著這次小行星撞擊消失了。

不幸的是，恐龍並沒有太空計畫，因此牠們無法在這裡討論這個問題。但我們有，而且若是哪天有個地外物體朝地球飛撞而來，我們或許就會需要它。

截至目前，政府和軍方已經仔細標繪出了約兩萬七千顆小行星的軌跡。這些都是近地天體（Near-Earth Objects, NEOs），它們和地球的運行路徑相交，因而對地球構成長期威脅。這些小行星的尺寸多半從一個足球場到數公里寬不等。不過更令人擔憂的是數千萬顆比足球場還小的小行星，它們完全沒有納入追蹤。倘若這些小行星在未被偵測到的情況下撞上地球，就可能釀成相當嚴重的破壞。另一個危險來自長週期彗星，它們的位置在超出冥王星軌道之外仍是未知數，或許有一天它們就會在毫無預警並未被偵知的情況下迫近地球。不幸的是，有可能造成危害的物體，只有一小部分實際上納入了研究人員的追蹤作業。

天文學家卡爾・薩根（Carl Sagan）以他的普及科學電視節目出名。有次我採訪他時便曾請教有關於人類未來的問題。他回答道，地球位於一處「宇宙射擊場」的中心，因此遲早有一天我們會面臨一顆有可能摧毀地球的巨型小行星的威脅。他告訴我，這就是為什麼我們必須成為「雙行星物種」。這是我們的命運。我們必須探索外太空，不僅只是為了發現新的世界，更是為了在天上找到另一處安全的避難所。

其中一顆正被仔細檢視的小行星是阿波菲斯（Apophis，別稱毀神星），它的直徑約為三百公尺，預計會在2029年4月掠過地球的大氣層。

它會貼近到地月距離的十分之一範圍內。

事實上，它會十分接近地球，來到肉眼可見的範圍，還會從我們的一些人造衛星下方通過。

由於它會擦過我們的大氣層，到時就會遇上無法預測的大氣條件，因此無法確定它在2036年再次經過地球時的軌跡會是如何。它大有可能在2036年錯過地球，但這也只是個猜測。

重點在於，要想追蹤並更精確地預測有潛在危害的小行星軌跡，或許就必須用上量子電腦。有一天，一顆小行星會從地球附近通過，引發大眾恐慌，而科學家則嘗試判定它會不會撞上地球或者無害掠過。這正是量子電腦可以發揮作用的地方。

在最糟糕的情況下，或許有一顆來自深空的遙遠彗星展開它的漫長旅程，來到我們的內太陽系。那時它沒有彗尾，我們的望遠鏡探測不到。當它從太陽背側迅速飛掠，陽光終於讓熱彗星的冰層加溫並形成彗尾。當它猛然從太陽背後現身，我們的望遠鏡才終於能夠探測到彗尾，並在毀滅性撞擊之前向我們示警。然而，我們的望遠鏡能夠在多久之前提出警告呢？也許只有幾週。

不幸的是，我們不能指望布魯斯・威利（Bruce Willis）駕駛太空梭來拯救我們。首先，老舊太空梭計畫已經被取消，太空梭替代方案也到不了深空。不過就算它辦得到，我們依然無法及時攔截並偏轉或摧毀小行星。

2021 年，美國航太總署發射了雙小行星重定向測試（Double Asteroid Redirection Test, DART）探測器進入外太空，實際攔截一顆小行星。人類史上第一次，人工製造的物體成功地採物理方式改變了一顆小行星的軌跡。這次撞擊有望解答許多問題。這顆小行星是一堆鬆散的岩石嗎？它會輕易地解體飛散嗎？還是它是一顆堅硬、完整的固體，會保持完整？如果成功，其他類似 DART 的任務就會撞擊遠方的小行星，作為往後可能發生之情況的預演。

到頭來，或許還是要依賴量子電腦來偵測那些致命的危險小行星，並精確繪製它們的軌跡，因為那裡很可能還有數以百萬計能對地球釀成重大破壞的小行星，其中許多都尚未被發現。

我們還需要量子電腦來模擬撞擊本身，這樣我們才能估算，果真這些天體撞上地球，會釀成多大的危害。一顆小行星有可能以接近每小時 26 萬公里的速度撞擊地球，然而有關於這種超高音速撞擊會引發何等破壞的計算方式，我們幾乎一無所知。量子電腦或許能幫助填補這一空缺，讓我們知道，萬一地球落入殺手小行星的瞄準線中，而我們卻無法把它打偏或者予以摧毀，這時會發生什麼情況。

系外行星

展望我們的太陽系之外，使用量子電腦還有另一個理由，那就是著手編錄環繞其他恆星運行的所有行星。迄今，藉由克卜勒太空望遠鏡（Kepler space telescope）以及其他人造衛星和地面望遠鏡，我們已經在我們的銀河系「後院」中探測到大約五千顆系外行星。這就意味著，平均來說，每顆我們在夜空中看到的恆星，都有一顆行星環繞著它運行。或許約有兩成的系外行星類似地球，因此在我們已經確認的行星之外，銀河系中可能還有數十億顆類似地球的行星。

我還清楚記得，小學時期我的第一批科學書籍當中，有一本是關於太陽系的。書本內容講述，經歷了一場奇妙的火星、土星、冥王星及更遙遠地方的旅程之後，銀河系中很可能還有其他太陽系，而我們的太陽系或許就是個很普通的例子。所有太陽系大概都有靠近恆星的岩質行星，以及位置比較偏遠，類似木星那樣的氣態巨行星，全都依循圓形軌道環繞所屬恆星運行。

如今我們才明白，這些假設錯得多麼離譜。我們現在知道，太陽系的形態和規模各不相同。事實上，我們的太陽系就是個異類。我們發現有些太陽系的行星是以高度橢圓形軌道運行；我們發現有些比木星更大的氣態巨行星以極貼近距離環繞所屬恆星；我們發現有些太陽系擁有好幾顆太陽。

因此有一天，當我們擁有一部關於銀河系中所有行星的百科全書時，我們會對它們的豐富多樣性深感驚嘆。不管你能想像出什麼奇怪的行星，外面那裡或許就真有一顆類似的星體。

我們會需要量子電腦來追蹤可以描述行星演化的所有可能路徑。隨著我們發射更多的望遠鏡進入太空，這部行星百科全書的規模也會跟著爆炸性增長，必須有龐大的計算能力才有辦法分析它們的大氣、化學組成、溫度、地質、氣流模式以及其他特性，因為這些都會產生海量的數據。

太空中的外星生命？

量子電腦的一項目標會聚焦搜尋其他智慧生命形式。這裡出現了一個尷尬的問題：我們如何識別有可能與我們完全不同的智慧？如果外星生命形式就在我們眼前，我們能不能認出它？我們有可能需要量子電腦來辨識出以傳統電腦很可能完全看不出的模式。

天文學家法蘭克・德雷克（Frank Drake）在1950年代擬出了一則方程式，試行估算銀河系中有可能存在多少個高等文明。這則方程式從銀河系中的一千億顆恆星入手，然後根據一系列合理的假設，逐步縮減這個數字。你的縮減條件包括這些恆星當中擁有行星的數量比例，其中擁有帶了大氣之行星的比例，擁有帶了大氣和海洋之行星的比例，以及擁有具備微生物之行星的比例，等等。不論你對這些行星做出或多或少的合理假設，最後得出的數字通常仍會達到數千。

然而，搜尋地外文明（Search for extraterrestrial intelligence, SETI）計畫至今仍未發現任何來自外太空的智慧型無線電信號。完全沒有。他們設在舊金山郊外帽子溪（Hat Creek）區域的強力無線電望遠鏡接收到的只有一片沉寂或靜電。因此，我們眼前面對的只有費米悖論：如果宇宙中存有智慧外星生命的可能性是這麼高，那麼他們到底在哪裡？

量子電腦或許可以幫助解答這道問題。既然它們擅長處理巨量數據來尋找隱藏的線索，而人工智慧則擅長透過掌握模式來識別新事物，兩相結合或許就能爬梳大量數據，找出裡面隱藏的內容，即使它看似怪異或完全出乎意料之外。

我在為科學頻道（Science Channel）主持一個有關地外智慧的節

目時，便稍事體驗了這種探索。我們分析了海豚等非人類生物的智慧。我被安排與幾隻活潑的海豚一起待在泳池中，目的是讓牠們相互溝通，看我們能不能藉此測量牠們的智慧。池水中安置了感測器，能夠記錄牠們的所有啁啾和尖鳴聲音。

電腦如何從這堆看似雜亂無章的胡言亂語當中找出智慧的跡象？這類錄音資料能夠以專門設計來尋找特定模式的電腦程式來予處理。舉例來說，英文字母中使用頻率最高的字母是「e」。檢視一個人的書寫內容，我們就可以根據使用頻率來為每個字母排列等第。這樣拿字母符號依據使用頻度排名是你的專屬特徵，兩個不同的人會使用略微不同的字母排序。這種方法實際上可以用來檢測偽造文書。例如，以這種程式來處理莎士比亞的作品，電腦就能夠判斷他的劇作是不是旁人代筆的。

當海豚的錄音資料由電腦分析時，起初你只會聽到一堆隨機的雜音。然而，這個程式是專門設計來找出哪些聲音出現得多麼頻繁。最終電腦便得出結論：這所有啁啾和尖鳴聲音背後都有它的韻律和理由。

其他動物也已經以這相同方式接受了測試，當我們分析比較原始的生物時，得出的智慧水平就會逐漸下滑。事實上，當分析到昆蟲時，這些智慧跡象便降到幾乎為零。

量子電腦可以篩濾這個龐大的數據集合，找出有趣的信號，而人工智慧系統則可以受訓練來尋找預期之外的模式。換句話說，人工智慧和量子電腦協同運作，或許就能夠在來自太空的混亂信號中當找到智慧存在的證據。

恆星演化

量子電腦的另一個直接應用，是填補我們對恆星演化以及恆星生命週期，從它們的誕生到最終消亡的全面認識上的空白。

當我在加州大學柏克萊分校攻讀理論物理學博士學位期間，我的室友也投入攻讀天文學博士學位。每天早上他都會跟我說再見，並表示他要去「用爐子烘烤一顆星」。我以為他是在開玩笑。你不能烘烤星星啊，許多恆星都比我們的太陽更大。所以有一天我終於問他，烘焙恆星到底是什麼意思。他想了一會兒，然後告訴我，描述恆星演化的方程式並不完備，但已經足以模擬一顆恆星從誕生到死亡的生命週期。

他會在早上將氫氣塵雲的參數（例如大小、氣體成分、氣體溫度）輸入電腦，然後電腦就會計算這團氣體雲霧會如何演變。到了午餐時間，氣體雲霧就會在重力作用下坍縮、加熱，並點燃成為一顆恆星。到了下午，它會熾烈燃燒數十億年，並像一台宇宙烤爐一樣，融合或「烹煮」氫，並產生出越來越重的元素，如氦、鋰和硼。

我們從這樣的模擬中學到了很多。就以我們的太陽為例，50 億年過後，它就會耗盡大部分氫燃料，並開始燃燒氦。屆時，它就會開始急劇膨脹，變成一顆紅巨星，由於尺寸極度膨脹，它會填滿整個天空，延伸席捲整個地平線。它會吞沒近處的行星直到火星軌道範圍。天空將會燃燒，海洋將會沸騰，山脈將會熔化，所有的一切都將回歸太陽。我們來自星塵，終將回歸星塵。

詩人羅伯特・佛洛斯特（Robert Frost）便曾這樣寫道：

有人說世界會在火裡終結
有人說是在冰中湮滅。
依我對欲望的體會
我支持偏好火焰的智慧。
但若它必須消亡兩回，
我認為我對恨也了解透達，
可以說冰的毀滅力量
同樣強大，
威勢堪稱允當。

到頭來，太陽終將耗盡所含氦，縮小化為白矮星，大小只相當於地球，但重量幾乎和原來的太陽一樣。隨著它冷卻，太陽就會變成一顆死去的黑矮星。這就是我們太陽的未來，它會在冰裡堙滅，不是在火裡終結。

然而，就處於紅巨星階段的真正大質量恆星來說，它們還會繼續融合愈來愈重的元素，直到最終觸及鐵元素為止。鐵的質子數量太多，於是彼此之間會相互排斥，因此融合終於停止。隨著不再有融合作用，恆星便在重力下坍縮，溫度可以飆升至數兆度。這時恆星就會爆炸形成超新星，釀成自然界的最猛烈災變之一。

所以，巨大的恆星會在火裡終結，而不是在冰裡湮滅。

不幸的是，從氣體雲霧到超新星的恆星生命週期計算中，仍然存有許多空白。但隨著量子電腦對融合歷程的模擬，其中許多事項或許就可以填補起來。

這說不定是我們面臨另一場險惡威脅的重要證據：一場巨獸等級的太陽閃焰有可能將文明推回數百年。要預測致命太陽閃焰的發生，你必須了解恆星深處的動力學，而這就遠遠超出了傳統電腦的能力範圍。

卡靈頓事件

例如，我們對我們的太陽內部認識十分淺薄，也因此很容易受到災難性太陽能量爆發的影響，這樣的爆發會將巨量的超熱電漿送入外太空。我們在 2022 年 2 月再次體認了對太陽認識的不足，當時有一股巨大的太陽輻射衝擊地球大氣，摧毀了伊隆 · 馬斯克（Elon Musk）的 SpaceX 射上軌道的 49 顆通訊衛星中的 40 顆。這是現代歷史上的最大型太陽災難，而且未來還可能會再發生，因為關於這類日冕物質拋射現象，我們仍有許多尚待學習。

有紀錄歷史上最大型太陽閃焰稱為卡靈頓事件（Carrington Event），發生在 1859 年。回顧當時，這場巨獸等級的太陽閃焰導致歐洲和北美洲大範圍內的電報線起火燃燒。它在全球造成了大氣擾動，北極光遍布古巴、墨西哥、夏威夷、日本和中國的夜空。當時加勒比海地區民眾甚至還能在北極光的光輝下閱讀報紙。在巴爾的摩，北極光比滿月還更明亮。一位金礦工人 C·F· 赫伯特（C. F. Herbert）寫下了這次歷史事件的生動目擊紀錄：

> 一幅幾乎無法形容的美景展現出來……帶了每一種想像得出的色彩的光，在南方天空中綻放，一種顏色逐漸消逝，只為了讓位給另一種，或許還比先前那種更加美麗……這是一幅令人永生難忘的景象，而且在當時被認為是紀錄中的最壯闊極光。理性主義者和泛神論者看到自然最精緻的衣袍，而迷信的人和狂熱分子則感到不祥預兆，認為這是世界末日和最終崩潰的前兆。[1]

卡靈頓事件發生在電氣時代的初期。自那以後，人們試圖重建數據，並估計如果在現代再次發生卡靈頓事件，結果會是如何。2013 年，倫敦勞合社（Lloyd's of London）和美國的大氣與環境研究機構（Atmospheric and Environmental Research, AER）的研究人員得出結論，另一場卡靈頓事件有可能釀成高達 2.6 兆美元的損失。

現代文明有可能會陷入癱瘓。它會摧毀我們的衛星和網際網路，造成電力線短路，癱瘓所有金融通信，並引發全球停電。我們有可能會被拋回 150 年前。救援和維修隊伍都無法前來營救，因為他們也會因為全球停電而停擺。隨著易腐爛的食物敗壞，最終這就可能引發大規模的食物暴動，並釀成社會秩序或甚至政府瓦解，因為民眾會拚命覓食搜尋糧食殘渣。

這種情況會再次發生嗎？會。何時有可能發生？沒有人知道。分析先前的卡靈頓型事件或許能得出一絲線索。研究人員已經對冰芯所含碳 -14 和鈹 -10 的濃度進行了研究，希望找到史前太陽閃焰的證據。研究表明，西元 774 至 775 年和西元 993 至 994 年間可能都爆發了這類事件。事實上，774 至 775 年間事件的冰芯數據顯示，那次的能量或許是卡靈頓事件的十倍。（而 993 至 994 年間的太陽噴發劇烈得在古老的木材上留下痕跡，歷史學家還用這些痕跡來判定美洲早期維京人定居點的時期。）不過當時電氣時代還沒有來臨，文明幾乎不曾留意。

近代歷史上最大的太陽閃焰發生在 2001 年。一場巨大的日冕物質拋射以每小時 725 萬公里速度向外太空噴發。幸運的是，那次閃焰並沒有擊中地球。否則，它有可能會造成與卡靈頓事件同等規模的廣泛損害。

科學家便已指出，若我們撥款來強化衛星防護、屏蔽精密電子設備並建造備用的發電站，或許就能為下一次卡靈頓事件預做準備。只要投入這筆小額預付資金，就能預防我們的電力系統遭遇災難性損害，然而這些警告通常都被忽視。

物理學家知道，日冕物質拋射現象是發生在太陽表面的磁力線彼此交錯，迸發浩大能量進入太空之時。然而，太陽內部是發生了什麼事情，才創造出這種條件仍不為人知。雖然我們了解電漿、熱力學、核融合、對流、磁學等的基本方程式，然而要求解這些方程式在太陽內部的運作狀況，超出了現代電腦的能力範圍。

因此，有一天量子電腦或許能夠解開太陽內部的複雜方程式，幫助預測下一次巨型太陽閃燄有可能在何時威脅人類文明。我們知道太陽內部深處必然有龐大數量的超熱電漿對流翻攪運動，但我們無法確定下一次太陽閃燄何時爆發，或者它會不會侵襲地球。所以，若是量子電腦能在記憶體中「烹煮」恆星，那麼我們或許就能夠為下一次卡靈頓事件預做準備。

不過量子電腦還可以做得更多，最終並破解宇宙中的最大災難。卡靈頓事件有可能癱瘓一片大陸，但伽瑪射線暴（Gamma-Ray Bursts）的後果有可能還嚴重得多，那會燒毀整個太陽系。

伽瑪射線暴

1967 年，外太空一個謎團開展。美國專門發射來偵測未經授權的核彈引爆事件的維拉衛星（Vela satellite），卻探測到了一場伽瑪射線劇烈爆發所釋出的不明輻射。這場巨型爆炸的來源不明，觸發了一場嚴重的要命猜測。是俄國人在測試前所未見強大無匹的武器嗎？還是哪個新興國家在測試一種突破性新武器？是美國情報機構犯下了重大疏失嗎？

五角大廈的警報隨即響起，頂尖的科學家立刻奉命辨識這種異常現象並判定其來源。不久之後，其他伽瑪射線暴也被偵測得知。當他們最終確定這些爆發的根源時，五角大廈的計畫人員這才鬆了一口氣。爆發不是蘇聯的手筆，而是源出遙遠的星系。科學家驚訝地發現，這些爆發雖然只持續了幾秒鐘，其釋出的輻射量，卻超出了整座星系的發射等級。事實上，這些爆發釋放的能量，超過了太陽在它的整段百億年歷史中所產生的能量總和。它們是整個宇宙中僅次於大霹靂的最大型爆炸事件。

由於這些伽瑪射線爆發通常只持續幾秒鐘就消失，因此很難建立早期預警系統。不過到最後依然設計出了一個衛星網絡，能夠在這些事件發生時立即偵測得知，並通知地面感測器，從而得以精確鎖定觀測。

儘管我們對伽瑪射線暴的理解還有許多空白，但目前主流的理論是，這些爆發有可能是中子星與黑洞互撞造成的，也或許是恆星坍縮成黑洞所致。它們可能代表了恆星生命週期的最後階段。因此，要想解釋為什麼恆星在生命週期結束時會釋出如此巨大能量，或許量子電腦就是個必要關鍵。

這些來自爆炸恆星的潛在危險有些和地球相隔並不很遠。事實上，你體內的一些原子有可能是由數十億年前的一場超新星爆炸「烹煮」出來的。我們前面便曾提到，像太陽這樣的恆星本身的熱度並不足以產生出比鐵更重的元素，如鋅、銅、金、汞和鈷等。這些元素是在數十億年前，在我們的太陽誕生之前的一場超新星爆炸高溫下生成的。因此，這些元素存在於我們體內的事實，就是超新星曾在我們所在的銀河系區域內爆發的證據。事實上，有些科學家推測，發生在五億年之前的奧陶紀大滅絕，可能就是由附近一場伽瑪射線暴所觸發的，那次事件消滅了地球上百分之八十五的水生生物。

離我們較近的紅巨星參宿四（獵戶座 α 星）和地球相隔約五百到六百光年，這顆恆星並不穩定，有一天就會發生超新星爆炸。參宿四是獵戶座中的第二亮星。當它最終爆炸時，由於距離地球相對較近，在夜空中有可能比月球還要亮，甚至還能夠投下陰影。最近，它的亮度和形狀發生了明顯變化，致使某些人猜想它就要爆炸，不過就此依然有激烈爭議。

然而，重點在於我們對超新星的認識還有許多不足之處，而量子電腦或許可以填補這些空白。有一天，量子電腦就能夠解釋恆星的整個生命歷程，包括我們的太陽還有位居我們近處並有潛在危害的不穩定恆星。

不過真正激發濃烈興趣的是超新星的終極產物——黑洞。

黑洞

用一台普通數位超級電腦來模擬黑洞，很快就會耗盡它的計算能力。對於一顆尺寸很大，或許相當於我們的太陽十到五十倍質量的恆星而言，它有可能爆炸形成一顆超新星，接著轉變成中子星，或許還會坍縮形成黑洞。沒有人真正知道，當一顆大質量恆星重力坍縮時會發生什麼事情，因為愛因斯坦的定律和量子理論在這時就會開始失效，必然需要新的物理學才能說明。

例如，倘若我們單純依循愛因斯坦的數學，黑洞就會在一個神祕的暗黑球體後面坍縮，這個球體稱為事件視界，它的影像在 2021 年被拍攝了下來。當時是把建置在地球各處的一系列電波望遠鏡的光線捆綁在一起，構成一台效能等同於行星尺寸的電波望遠鏡並完成拍攝。照片顯示，與地球相隔約五千三百萬光年的 M87 星系核心的事件視界是個黑暗的球體，周圍環繞著超高溫的明亮氣體。

事件視界裡面是什麼？沒有人知道。曾經有人認為，黑洞有可能會坍縮成一個奇異點——也就是個超級緊緻，密度高得不可思議的點。不過那種觀點已經改變了，因為我們觀測到黑洞以驚人高速旋轉。物理學家現在認為，黑洞可能不會坍縮成一個細微針點，而是化為一個自旋中子環圈，在那裡有關空間和時間的常規概念被顛倒過來。數學理論表明，倘若你墜落穿越中子環圈，你有可能完全不會死亡，而是進入了一個平行宇宙。因此，這個自旋的環圈便成為了一個蟲洞，也就是通往黑洞之外另一處宇宙的門戶。

這個自旋中子環非常像愛麗絲的鏡子。鏡子的一側是牛津的靜謐田園，但只要穿越這面鏡子，你就會進入愛麗絲奇境的平行宇宙。

不幸的是，黑洞的數學是不能信賴的，因為還必須考慮到量子效應。量子電腦或許能夠應付時空在黑洞中心的扭曲現象，並為我們提供愛因斯坦理論與量子理論的模擬。兩種理論在這些情況下會高度耦

圖 10　量子電腦與黑洞

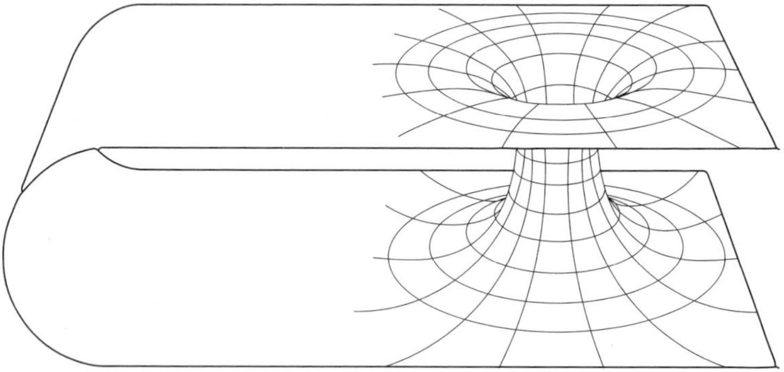

根據相對論，自旋黑洞有可能會坍縮成一個中子環，該環可以連接兩個不同的時空區域，形成蟲洞或作為兩處宇宙之間的通道。然而就這些中子環的穩定性方面，或許就需要量子電腦才能判定，從而了解量子修正帶來什麼影響。

合。首先，我們有因為重力和時空摺疊而產生的能量。接著，我們還有由各種次原子粒子產生的能量。然而，這些粒子本身也有自己的重力場，這些重力場又會以複雜的方式與原本的場交織混合。因此，我們面臨一種方程式的纏結，各個方程式都會影響其他的方程式，這是種高度繁複的混合，超出了傳統電腦的處理能力，不過量子電腦或許能夠應付。

量子電腦或許還能幫助我們回答一個令人尷尬的古老問題：宇宙是以什麼組成的？

暗物質

經過兩千年的推測和無數次的實驗，我們仍然無法回答古希臘人提出的簡單問題：世界是以什麼組成的？

大多數小學教科書聲稱，宇宙主要是以原子構成的。然而那個說法如今已經證明是錯的。宇宙實際上主要是由神祕的、無法看見的暗物質和暗能量所組成。宇宙大部分都是黑暗的，超出了我們望遠鏡的觀察能力，而且我們的感官也偵測不到。

暗物質最早是在1884年由克爾文勛爵（Lord Kelvin）推理提出的構想。他發現要解釋銀河系旋轉所需質量，遠大於恆星的實際質量。他得出的結論是，大多數恆星其實是暗的，並不發光。晚近以來，弗里茨・茨維基（Fritz Zwicky）和薇拉・魯賓（Vera Rubin）等天文學家驗證了這項奇怪的識見，並意識到星系和星團旋轉得太快，而根據我們的方程式，它們應該會因此飛散開來。事實上，我們的銀河系旋轉速度大約是預期的十倍。然而，由於天文學家對牛頓重力理論抱持堅定的信心，這項結果大體上都遭漠視。

過去幾十年來，研究發現，其實不只是銀河系，其他所有星系也都表現出同樣這種奇特的現象。天文學家開始意識到，星系中含有看不見的暗物質來把它們束縛在一起。這圈暈環的質量是星系本身的許多倍。看來宇宙大半都是以這種神祕的暗物質所組成。

（更神祕的是暗能量，這是一種奇特的能量形式，充滿了太空的真空，甚至導致宇宙膨脹。儘管暗能量占了已知宇宙物質／能量含容的百分之六十八，然而我們對它卻仍一無所知。）

本表總結呈現科學家認為世界是由什麼材料構成的最新數據：

暗能量	68%
暗物質	27%
氫和氦	5%
較重元素	0.1%

我們現在意識到，構成我們身體的許多元素只占宇宙的約百分之零點一。我們確實是異常現象。但構成大半宇宙的物質卻具有奇特的性質。由於暗物質不與普通物質交互作用，假使你把它握在手中，它

會直接穿過你的手指，墜落到地上。但它不會就此停止；它會繼續穿過泥土和混凝土，彷彿地球不存在一樣。它會繼續下墜穿過地殼，向中國飄然而去。然後，由於地球重力的影響，它就會逐漸改變方向，沿著來時的路徑返回，直到最後再次到達你的手中。接著，它就會在地球內部往返震盪。

如今，我們已經有了這種看不見的物質的地圖。我們怎麼能確定看不見的暗物質在哪裡，驗證方法就像你知道眼鏡裡有玻璃一樣。玻璃會扭曲光線，因此你可以見到它的作用。暗物質以大致相同的方式來扭曲光線。因此，藉由修正光線穿透暗物質產生的折射，我們就可以生成暗物質的三維地圖。果然，我們發現暗物質集中分布於星系周圍，將它們束縛在一起。

但處境卻令人尷尬，我們不知道形成暗物質的材料是什麼。顯然，它是以一種前所未見的物質構成，這種物質超出了現有描述次原子粒子的標準模型（Standard Model）之界定範圍。

因此，解開暗物質之謎的關鍵，或許就在於理解粒子標準模型之外有哪些事物。

粒子之標準模型

正如我們所見，量子電腦是運用了量子力學中違反直覺的定律來進行計算。但量子力學本身並沒有停滯不前。隨著更強大的粒子加速器推動質子相互撞擊來揭發物質的基本成分，同時量子力學也不斷演變。目前，世界上最強大的加速器是位於瑞士日內瓦附近的大型強子對撞機（Large Hadron Collider, LHC），這是歷來建造的最大型科學裝置。這是一條長度接近 27 公里的管道，內部磁體強大到可以將質子加速到 14 兆電子伏特。

有次我為我所主持的 BBC 系列節目造訪 LHC，甚至在它仍在建造的時候，親手觸摸了這台加速器的核心管道。那是一次令人屏息的體驗，想想看，再過幾年，質子就會以驚人能量在這個管道內飛馳。

經過數十年以 LHC 進行艱苦研究，物理學家最終達成共識，彙整出號稱標準模型，或者說「準萬有理論」（Theory of Almost Everything）。我們已經看到，舊有的薛丁格方程式能解釋電子與電磁力的交互作用。至於標準模型就還可以將電磁力與強核力和弱核力統一起來。

因此，描述粒子的標準模型代表了量子理論的最先進版本。它是眾多諾貝爾獎得主的巔峰作品，也是耗費了數十億美元建造的浩大原子撞擊機的最終產物。照理講這應該是標誌人類精神一項崇高成就的燦爛里程碑。

不幸的是，它是一團糟。

它並不是天賜靈感的最高結晶，反而是個相當粗糙的粒子拼湊組合。它包含一堆令人困惑的次原子粒子，看起來沒有絲毫規律或道理可言。它有 36 種夸克和反夸克，超過 19 項可以隨意調整的自由參數，三代一模一樣的粒子，以及一群奇異的粒子，分別稱為膠子、W 和 Z 玻色子（boson）、希格斯玻色子（Higgs boson），以及楊・米爾斯粒子（Yang-Mills particle）。

這是個只有媽媽會愛的理論。它就像把土豚、鴨嘴獸和鯨魚用膠帶黏貼拼湊在一起，然後稱之為自然界的最精美創作，數百萬年演化的最終產物。

更糟的是，這個理論對重力隻字未提，並且無法解釋暗物質和暗能量，然而已知宇宙絕大部分卻正是以它們構成的。

物理學家研究這個笨拙理論的唯一理由是：它有效。它無可辯駁地描述了次原子粒子的低能量世界，如介子（meson）、微中子（neutrino）、W 玻色子等。標準模型十分笨拙又很醜陋，於是大多數物理學家都認為，它只是一種最低能量的近似版本，可以用來模擬存在於較高能量狀態的較優美理論。（套用愛因斯坦的話，如果你看到獅子的尾巴，那麼你就可以猜想，獅子遲早會現身。）

然而，在過去大約 50 年間，物理學家沒有看到任何偏離標準模型的現象。

直到現在。

超越標準模型

標準模型出現裂痕的最早跡象見於芝加哥城外的費米國家加速器實驗室（Fermi National Accelerator Laboratory），那是在 2021 年。該實驗室的龐大粒子探測器發現了 μ 介子（mu meson，譯注：這是緲子的舊稱，如今學界並不認為緲子隸屬介子類別）的磁性質出現了微小偏差（μ 介子常見於宇宙射線）。要發現這個微小偏差必須先分析大量數據，不過倘若這能站得住腳，或許便預示在標準模型之外，還有新的作用力和交互作用。

這或許便意味著我們眼前正瞥見一處超越標準模型的世界，說不定那裡會出現新的物理學，或許那就是弦論。

量子電腦十分擅長扮演搜尋引擎，能在大海中撈出那根難以捉摸的細針。許多物理學家都認為，我們的粒子加速器最終就會找到確切的依據，確認存有超出標準模型的粒子，從而得以披露宇宙真正的單純與美。

目前，物理學家已經著手運用量子電腦來理解粒子交互作用的神祕動態。在 LHC 中，兩束高能量質子以 14 兆電子伏特的能量互相撞擊，創造出自宇宙誕生以來未曾得見的能量。這場劇烈的碰撞產生出一陣猛烈的次原子殘屑飛濺。這場浩大撞擊創造出了令人駭異的每秒一兆位元數據，這些數據隨後便由量子電腦來進行分析。

除此之外，物理學家已經開始草擬計畫，準備建造大型強子對撞機的替代裝置，稱為未來環形對撞機（Future Circular Collider, FCC），打算建置於瑞士的歐洲核子研究組織（CERN）。FCC 的周長將達到一百公里，遠超過目前 27 公里的大型強子對撞機。該計畫將耗資 230 億美元，能量將達到天文等級的一百兆電子伏特，成為地球上無庸置疑的最龐大科學裝置。

若能建造完成，這台機器將重現宇宙誕生時的條件。它應該能帶領我們達成人類所能實現的終極理論，也就是愛因斯坦在他生命的最後 30 年持續追尋的「萬有理論」。由這台機器湧現的數據洪流會讓任何傳統電腦不堪負荷。換句話說，或許創世本身的祕密最終將由量子電腦來破解。

弦論

到目前為止，超越標準模型的（唯一的）領導候選量子理論是弦論。所有競爭理論都已經被證明帶有分歧、異常、不一致或缺乏自然界關鍵層面的問題。任何一項這類缺陷對物理學理論來講都是致命的。[2]

（我收到不少電子郵件，這些寄件人宣稱，他們終於找到了這個萬有理論。我告訴他們，你的理論必須符合以下三個準則：

1. 它必須包含愛因斯坦的重力理論。

2. 它必須包含完整描述粒子的標準模型，含括夸克、膠子和微中子等成分。
3. 它必須是有限的，且無異常現象。

（到目前為止，唯一能夠滿足這三項簡單準則的理論是弦論。）弦論認為，所有的基本粒子都不過是微細振動弦上的音符。就像能以不同頻率振動的橡皮筋，弦論指出，這種微細橡皮筋的每一股振動都對應於一顆粒子，因此電子、夸克、微中子以及標準模型中的所有其他成員，都不過是不同的音符。物理學對應於我們能在這些弦上奏出的和聲。而化學則對應於振動弦所創造出的旋律。宇宙可以比擬為一首弦樂交響曲。最後，愛因斯坦寫到的「上帝的思維」則對應於貫穿寰宇和諧共鳴的宇宙音樂。

令人驚訝的是，計算這些振動的性質時可以找到重力，而這是標準模型中明顯缺失的作用力。因此，弦論為我們提供了一個可信的理由，讓人相信它或許就是萬有理論。（事實上，如果愛因斯坦從未出生，廣義相對論就會成為弦論的副產品被人發現，因為它不過是振動弦的最底層音符之一。）

然而倘若這項理論能夠把重力理論和次原子作用力統合為一，那麼為什麼諾貝爾獎得主對那項理論抱持相左見解？為什麼有人說那是一條死路，另有些人則認為，這很可能就是愛因斯坦苦尋不得的理論？

一個問題是它的預測能力。它所含括的不只是描述粒子的標準模型，它裡面還有遠更豐富的內容。事實上，它可能擁有無限多的解，一種令人尷尬的豐富內容。果真如此，那麼哪一個解描述了我們的宇宙？

就一方面，我們意識到所有的偉大方程式都有為數無窮的解。弦論並不例外。甚至牛頓的理論都能解釋無限多的事物，好比棒球、火箭、摩天大樓和飛機等。你必須在事前指定你要研究的內容，也就是說，你必須明確指定初始條件。

但弦論是關於整個宇宙的理論。因此，你必須指明大霹靂的初始條件。但沒有人知道觸發初始宇宙爆炸並創造出宇宙的明確條件。

這就稱為地景問題（landscape problem），也就是弦論看來有無窮多的解，構成了一片浩瀚的可能性地景。這片地景上的每一個點，都對應著一個完整的宇宙。其中一個點能解釋我們這處宇宙的特徵。

但哪一個是我們的宇宙？弦論是萬有理論，或者是任意理論（theory of anything）？目前，對於解決這個問題還沒有共識。一個解決方案或許是建立新一代的粒子加速器，例如之前提到的未來環形對撞機、中國提出的環形正負電子對撞機（Circular Electron Positron Collider），或日本的國際線性對撞機（International Linear Collider）。但就連這些雄心勃勃的計畫，也無法擔保能解答這個重要的問題。

量子電腦有可能是關鍵

我自己的觀點是，或許量子電腦可以為這個問題提供最終的答案。前面我們看到在光合作用中，大自然利用量子理論並秉持最小作用量原理來檢視大批不同的路徑。或許有一天就有可能將弦論載入量子電腦來選出正確的路徑。也許在這個地景中見到的許多路徑，都是不穩定的，會迅速降解，只留下正確的解。或許我們的宇宙就是唯一穩定的宇宙。

因此，量子電腦有可能是找到萬有理論的最後一步。

這樣的先例是有的。最能描述強核力的理論稱為量子色動力學（quantum chromodynamics, QCD）。這是個關於次原子粒子的理論，它描述夸克如何結合在一起並形成中子和質子。起初大家認為物理學家會夠聰明，能夠單憑純數學就完全解答 QCD。結果卻證明這是個幻想。

如今，物理學家已經大致放棄了試行以手工來解答 QCD，改藉由龐大的超級電腦來解決這些方程式。這被稱為格點色動力學（Lattice QCD），也就是將空間和時間劃分成數十億個小立方體，形成一個網格結構。我們先為一個微小的立方體解方程式，然後利用那個結果來解下一個相鄰立方體的方程式，並反覆這相同程序來處理接下來的所有立方體。循此做法，最終電腦就能一個接一個地解決所有相鄰立方體的方程式。

相同道理，或許到最後我們也必須依賴量子電腦來解決弦論的所有方程式。我們的希望是，宇宙的真正理論或許就能從這個程序萌生出現。因此，或許量子電腦便握有創世本身的關鍵。

第十七章
2050 年的某一天

2050 年 1 月，早上六點鐘

鬧鐘響了，你醒來時頭痛欲裂。

你的個人機器人助理莫莉突然出現在牆面螢幕上。她愉快地宣布：「現在是早上六點鐘。記得嗎，你吩咐我叫你起床。」

你睡眼惺忪地回答：「哦，我的頭好痛。我昨晚是做了什麼事情才變成這樣？」

莫莉說：「記得嗎？你參加了新融合反應爐的啟用慶祝派對。你一定是喝太多了。」

慢慢地，一切都回到你的腦海當中。你記起自己是量子科技公司的工程師，這家公司是國內最大的量子電腦公司之一。這些日子以來，量子電腦似乎是無處不在，而昨晚的派對是為了慶祝最新融合反應爐的啟用，這是量子電腦促成的一個里程碑事件。

你回想起派對上有位記者問你：「這麼興奮是為了什麼？為什麼對高熱電漿這麼大驚小怪？」

你回答：「量子電腦終於確定了如何穩定融合反應爐內的高熱電漿，於是就可以從氫融合成氦的過程提取幾乎無窮盡的能量。這或許就是解決能源危機的關鍵。」

這就意味著世界各地會有許多融合反應爐相繼啟用，並且會有更多聚會可以喝個爛醉。由於量子電腦出現，一個擁有可再生廉價能源的嶄新紀元開啟了。

但如今也該跟上最新消息了。你吩咐莫莉：「請播放有關科學發展的晨間新聞。」

牆面螢幕突然亮起。每次聽到最新消息，你總會跟自己玩個遊戲。每聽了一則科學新聞之後，你都得確認，在那些故事中，是不是真有任何一則並不是量子電腦促成的。

影片主持人宣告：「政府已經批准一批新的超音速飛機，大幅縮短了跨越太平洋和大西洋所需時間。」

你意識到，正是量子電腦運用虛擬風洞找到了正確的空氣動力學設計，消除了音爆噪音，從而幫助讓這一批新型超音速客機得以實現。

接著，主持人宣布：「我們在火星上的太空人成功建造了一具大型太陽能電池板和一組超級電池，用來儲存能源供紅色星球殖民地使用。」

你知道這一切都是量子電腦促成的，從而創造出了為火星前哨提供動力的超級電池。此外這還減輕了我們對地球上燃煤和燃油發電廠的依賴。

接下來，主持人宣布：「全球醫生齊聲宣告一種阿茲海默症新藥物的消息，它可以防止致病澱粉樣蛋白質積聚，防範它釀成這種致命疾病。這項結果有可能影響數百萬人的生命。」

你相當自豪，你的公司處於研究的最前沿，領導使用量子電腦來分離出會釀成阿茲海默症的特定類型澱粉樣蛋白質。

聽到這些科學新聞，你對自己微微一笑，因為，再一次，所有的科學報導內容都是直接或間接由量子電腦促成的。

聽完新聞之後，你拖著疲憊的身體走進浴室，淋個浴並刷牙。看著水流進排水口時，你意識到自己的廢水正被悄悄地送往一處生物實驗室，在那裡進行癌細胞分析。好幾百萬人無憂無慮渾然不覺地每天好幾次藉由與他們的浴室悄悄相連的量子電腦接受全面的健康檢查。

由於量子電腦現在可以在腫瘤形成之前多年識別癌細胞，癌症已經被降級到像普通感冒那樣微不足道。由於你的家族有癌症病史，你心想：「謝天謝地，癌症不再是往日那樣的殺手絕症。」

最後，當你穿好衣服，牆面螢幕再次亮起。這次，你的 AI 醫生的形象照亮了螢幕。

「這次是什麼狀況，醫生？希望是好消息？」

你的個人機器人醫生羅博醫師說：「嗯，我有好消息和壞消息。首先是壞消息。分析了你上週的廢水裡面的細胞之後，我們確定你得了癌症。」

「哇，所以這就是壞消息，那麼好消息是什麼？」你焦急地問。

「好消息是，我們找到了源頭，並且只在你的肺部發現了幾百顆癌細胞。沒什麼好擔心的。我們分析了癌細胞的基因，並且會給你施打一針來增強你的免疫系統，擊敗這種癌症。我們剛收到最新的基因改造免疫細胞，這些細胞是由你公司供應的量子電腦創造出來的，用來攻擊這種特定的癌症。」

你鬆了一口氣。接著你又問他一個問題。「請老實講。倘若你的量子電腦沒有在我的體液中檢測出癌細胞，那麼會發生什麼事情呢，就說十年之前好了？」

機器醫生回答：「幾十年前，在量子電腦普及之前，你的體內現在就會有好幾十億顆癌細胞在腫瘤中生長，而且你大約會在五年內去世。」

你猛吞口水。能在量子科技公司工作，你感到自豪。

莫莉突然打斷了羅博醫師的談話。「這條消息剛剛收到。總部有個緊急會議，要求你立即親自出席。」

「糟糕。」你對自己說。通常，大部分尋常任務都能在線上完成。但這次他們要求所有人親自到場。肯定是次重要的會議。

你告訴莫莉：「取消我的行程，把我的車叫來。」幾分鐘後，你的無人駕駛車來了，載著你前往辦公室。路上交通不算糟糕，因為道路中嵌入了數百萬個感應器，並連接上量子電腦，這些電腦根據每秒的交通狀況來調整紅綠燈並消除交通瓶頸。

到達之後，你下了車並說：「自己去停車吧。等會兒隨時準備好來接我。」你的車連接上監控全市交通的量子電腦，找到了最近的空位停車。

你走進會議室，透過隱形眼鏡可以看到四周與會者的簡歷。公司的高層都在場，這一定是場重要的會議。

公司總裁正在向這群高階主管發表談話。

「我要宣布一則驚人的消息，本週我們的量子電腦偵測到了一種前所未見的病毒。我們在全球汙水系統感測器網絡是我們抵禦致命病毒的第一道防線，它在泰國邊境附近偵測到了一種全新的病毒。這種病毒讓我們措手不及。它有很高的致命性和高度傳染性，有可能源自某種鳥類。我不用提醒各位，上一次的大流行導致美國超過一百萬人喪命，還幾乎讓全球經濟徹底停擺。我親自挑選了一組我們的頂尖人手，立即飛往亞洲去分析那項威脅。我們的超音速運輸機已經準備好起飛。各位有問題嗎？」

眾人紛紛舉手。許多問題都是用外語提出的，但你的隱形眼鏡將它們翻譯成了英文。

你原本期望度過一個安靜的美好週末，但現在所有計畫全都泡湯了。這次，一輛飛行車載你前往機場，一架超音速運輸機已經在那裡等著你。你在紐約吃早餐，在阿拉斯加上空吃午餐，在東京吃晚餐，接著參加一次晚間會議。「超音速飛機真的是對傳統飛機的大幅改進，以前從紐約到東京要忍受 13 個小時的煎熬。」你心中暗自思忖。

然後你回想起當初小學時你在歷史書裡讀過 2020 年大流行引發的噩夢，當時全球對一種未知病毒束手無策。事實上，那次疫情還奪走了你一些親人的生命。但這一次，一切準備就緒。

隔天，你聽取了一次簡報說明。你的經理說：「所幸，量子電腦成功識別了這種病毒的基因特徵，找到了它的分子弱點，並制定了能有效對付這種疾病的疫苗方案。這一切都在破紀錄的時間內完成，得歸功於量子電腦，它還能分析飛機和火車的所有紀錄，查明病毒有可能如何在國際間傳播。所有主要機場和火車站的感測器全都已經校準，可以檢測出這種新病毒的獨特氣味。」

在公司各實驗室考察了一週之後，你飛回紐約，深信你們的團隊已經控制住這種新病毒。你深感自豪，肯定你們這樣努力或許已經挽救了數百萬條生命，並防止了世界經濟陷入崩潰。

回到家中，你問莫莉關於你的最新行程。「嗯，這次我們接到一家全球最大的雜誌之一要求採訪你。他們正在做一篇關於量子電腦的專題報導。要我幫你安排嗎？」

記者來到你的辦公室，你心中一陣驚喜。莎拉準備得很充分，知識淵博，而且非常專業。

莎拉問道：「聽說如今量子電腦似乎無處不在。像恐龍一樣的舊型數位電腦正被倒進廢棄場。不管我去哪裡，似乎量子電腦都在取代老舊世代的矽基電腦。每次我使用手機，他們都告訴我，其實我是與雲端某個地方的量子電腦在講話。不過請告訴我，隨著這些進步，這能不能幫助解決我們緊迫的社會問題？我的意思是，我們實話實說，這能幫助餵飽窮人嗎？」

你立即回應：「事實上，答案是肯定的。量子電腦已經破解了祕密，披露如何將我們每天呼吸的空氣中的氮氣轉化成製造肥料的成分。這正在創造出第二次綠色革命。唱反調的人一度宣稱，隨著人口爆炸增長就會出現饑荒、戰爭、大規模移民、糧食暴動等。結果這些全都沒有發生，這是量子電腦的功勞——」

「等等，」莎拉插嘴：「那全球暖化這整個問題該怎麼辦？只要眨個眼，你的隱形眼鏡內建網路就會出現大規模森林火災、乾旱、颶風、洪水的畫面。天氣似乎變得狂暴失控。」

「沒錯，」你承認：「過去一個世紀，工業界排放了大量二氧化碳進入大氣，如今我們終於在為這個付出代價。所有的預測都已經成真。不過我們正奮力反擊。量子科技公司一直走在最前線，創造出能夠儲存大量電能的超級電池，這大大降低了能源成本，也協助迎來期盼已久的太陽能時代。現在就算沒有陽光也不刮風，我們依然有能源。可再生能源技術，包含目前在全球各地紛紛啟用的融合反應爐，如今成本已經比化石燃料能源還低廉，這是有史以來的第一次。我們正在扭轉全球暖化的局面。希望我們還來得及。」

「現在，我想請教你一個私人問題。量子電腦對你的家人和親朋好友有什麼影響？」莎拉提問。

你傷心回答道：「我的家族飽受阿茲海默症折磨。我親眼見識了我母親的病情。起初，她會忘記幾分鐘前發生的事。接著，她逐漸陷入妄想，談一些從未發生過的事情。再來，她忘記了所有親朋好友的名字。最後她甚至忘了自己是誰。但我很自豪地說，量子電腦現在正在解決這個問題。在分子層面上，量子電腦已經精確地分離出攪亂腦子的畸變澱粉樣蛋白。根治阿茲海默症的方法就要問世。」

接著她問道：「這是個純粹假設性的問題。最近有很多傳言說，量子電腦快要找到方法來延緩或停止老化過程。那麼請告訴我，這些傳言是真的嗎？你們是不是快要找到青春之泉了？」

你回答道：「嗯，我們還沒有掌握所有的細節，但確實如此：我們的實驗室已經能夠利用基因療法、CRISPR 和量子電腦來修復由老化引發的錯誤。我們知道，老化是我們基因和細胞中的錯誤累積造成的結果。而眼前我們正在找法子來糾正這些錯誤，從而延緩甚至可能逆轉老化過程。」

「接下來就是我的最後一道問題。如果你能夠擁有另一生，你會希望當什麼？比如說，當個新聞工作者，我會很想在另一段生命中成為小說家。那你呢？」

「嗯，」你回答道：「活好幾輩子不再是個離譜的可能性了。但如果我能夠擁有另一生，我希望能運用量子電腦來解決宇宙的終極問題。我是說，宇宙是從哪裡來的？為什麼會有大霹靂？在這之前出了什麼狀況？我們人類現在還太過原始，無法解答這些了不起的問題，但我敢打賭，有一天量子電腦或許就能找到答案。」

「找出宇宙的意義？哇，這可是個艱鉅的任務。但你不怕量子電腦會找到哪種答案嗎？」她問道。

「還記得《銀河便車指南》（*The Hitchhiker's Guide to the Galaxy*）結尾發生的事嗎？經過漫長的期待和興奮激情，一台巨型超級電腦最終算出了宇宙的意義。但答案竟然只是數值 42。嗯，那是小說情節。不過現在，我認為我們或許真的能用量子電腦來破解這道問題。真的。」你回應道。

訪談結束後，你握了握莎拉的手，感謝她促成一場精彩的對話。然後你低調地邀請她共進晚餐。這篇文章取得了巨大的成功，讓數百萬人明瞭量子電腦是如何改變了經濟、醫學以及我們的生活方式。另一個好處是你對莎拉的認識更深了。

你很開心地發現，自己和她有很多共通點。你們都充滿活力而且見多識廣。之後，你邀請她來參觀全新的量子科技公司遊戲廳，那裡擁有最強大的量子電腦，創造出最真實的虛擬遊戲。你們兩個開心地玩各種傻氣的遊戲，這些遊戲藉由強大的量子電腦模擬，創造出奇妙異趣場景。在一款遊戲裡，你們探索外太空；在另一款裡，你們在海邊度假村。接著，又來到一座高山之巔。這些場景的真實性讓你讚嘆不已，景象精緻到最微小細節。但你最喜歡的旅程是看到滿月映襯遙遠山脈冉冉升起。看著明亮的月光照耀著森林，你不禁感到與大自然更加親近。

你對莎拉說：「妳知道嗎，觀賞月亮節目，看著太空人開始探索宇宙，當初我就是這樣才對科學產生興趣。」

莎拉回答道：「我也是，但對我來說，會激動人心的是，總有一天我能看到女性在月球上行走。」

到了最後，隨著時間推移，你們的關係愈加親密，你終於鼓起勇氣開口向她求婚，她答應了，讓你欣喜若狂。

但蜜月該去哪裡呢？

隨著太空旅行成本下降和消費者飛向外太空的新聞，她要求雜誌准予她撰寫另一篇報導。

「我知道最適合蜜月的地方。」莎拉說。

「我想上月球度蜜月。」

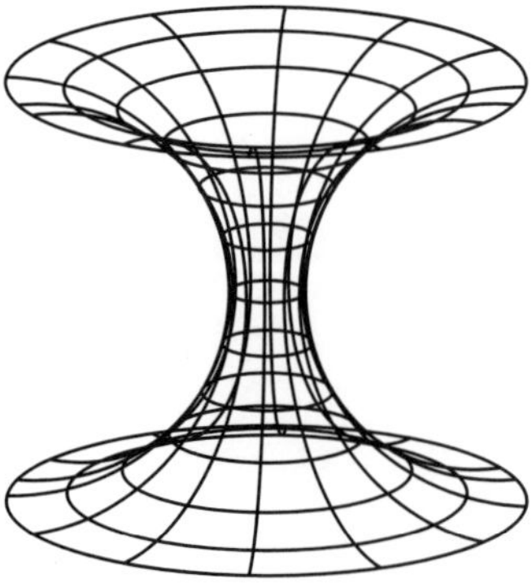

後記
量子拼圖

宇宙學家史蒂芬・霍金曾說，物理學家是唯一能說出「上帝」一詞而不臉紅的科學家。不過，如果真的很想看物理學家臉紅，你可以問他們一些深刻的哲學問題，而這些問題並沒有明確的答案。

以下是個簡短的問題清單，這些問題會難倒大多數物理學家，因為它們位於哲學與物理學的邊界。所有這些問題都會影響量子電腦存在與否，底下我們就依次斟酌每一道問題。

1. 神創造宇宙時有選擇嗎？

愛因斯坦認為這是我們有可能問出的最深奧的和最具啟發性的問題之一。神可不可能以其他方式創造出宇宙？

2. 宇宙是個模擬嗎？

我們是否只是活在電玩遊戲中的自動機？我們所見所做的一切，是否都只是電腦模擬的副產品？

3. 量子電腦是否在平行宇宙中運算？

我們能不能藉由導入多元宇宙來解決量子電腦的測量問題？

4. 宇宙是一台量子電腦嗎？

我們周圍所見的一切，從次原子粒子到星系團，可不可能就是確認宇宙本身是台量子電腦的證據？

神有選擇嗎？

愛因斯坦一生當中大半歲月都在問自己，宇宙的法則是不是獨特的，或者它們只是好些可能性當中的一種。當我們第一次得知量子電腦時，它們的內部運作似乎是瘋狂而奇異的。在基本層面上，電子能夠表現出這般無從識別的行為，好比同時存在於兩處地方、穿隧通過固體障礙、以超光速傳輸信息，以及瞬間分析任意兩點之間的無限路徑。你自問，宇宙真的必須這麼奇怪嗎？如果我們有選擇，難道不能將物理法則重新安排得更合乎邏輯，更通情達理嗎？

當愛因斯坦在某個問題上陷入困境時，他經常會說：「上帝是微妙的，但祂沒有惡意。」然而當他不得不面對量子力學的悖論時，有時愛因斯坦會想，「也許上帝畢竟還是有惡意的」。

縱貫歷史，物理學家一直在尋思種種依循不同基本法則的虛構宇宙，來檢驗自然法則是否獨特，並檢視有沒有可能從頭開始創造出一個更好的宇宙。

就連哲學家也投身苦思這個宇宙問題。智者阿方索（Alfonso the Wise）曾說：「如果創世之時我也在場，我就會提出一些有用的建議來更妥善地安排宇宙。」

蘇格蘭法官及評論家傑弗里勛爵（Lord Jeffrey）應該會抱怨我們宇宙中的所有缺陷。他會說：「該死的太陽系。光線不好，行星距離太遠，彗星騷擾不斷；設計拙劣；我自己都能造出更好的〔宇宙〕。」

然而，不論科學家多麼努力嘗試，他們始終無法改善量子物理學的定律。物理學家通常都會發現，量子力學的替代方案會導致宇宙不穩定，或是潛藏了某種致命的缺陷。

為了解答這道讓愛因斯坦著迷的哲學問題，物理學家通常一開始會從列出我們期望宇宙具備的特質入手。

首先，也是最重要的，我們希望我們的宇宙是穩定的。我們不希望它在我們手中解體，讓我們一無所有。

令人驚訝的是，要落實這個規範困難至極。最簡單的出發點或許就是假設我們生活在一個符合常識的牛頓世界裡。這是我們熟悉的世界。假定這個世界是以像袖珍的太陽系一樣的微小原子組成，電子遵循牛頓定律環繞著原子核運行。倘若電子是以完美圓形運行，那麼這個「太陽系」就會很穩定。

但如果你稍微擾動其中一顆電子，它就可能開始晃動，並採行不完美的軌跡。這就意味著，這些電子最終就會相互碰撞，或者墜入原子核。很快地，原子就會坍縮，電子四散飛濺。換句話說，牛頓式原子模型本質上是不穩定的。

再來想想分子會發生什麼事。在一個只受古典力學支配的世界裡，環繞兩顆原子核運行的軌道極為不穩定，只要稍微擾動，分子就會迅速崩解。因此，牛頓世界裡不會有分子存在，於是也就不會有複雜的化學物質。這樣的宇宙，沒有穩定的原子和分子，最終就會成為一團無定形的隨機次原子粒子雲霧。

然而，量子理論解決了這個問題，因為電子被描述為一種波，只有這種波的離散共振才能環繞原子核振盪。電子會相互碰撞並飛散的波動，根據薛丁格方程式並不會出現，因此原子能保持穩定。在量子世界中，分子也是穩定的，因為它們是在電子波由兩個不同原子共享之時形成，於是便形成穩定的共振，從而將兩個原子束縛在一起。這就構成一種膠水，使分子穩固結合。

所以，從某種意義上來說，量子力學及其奇怪特徵背後有個「目的」或「理由」。為什麼量子世界如此詭異？顯然是為了讓物質穩定、堅固。否則，我們的宇宙就會瓦解。

這進一步對量子電腦造成重大影響。倘若有人試圖改動薛丁格方程式，由於這是量子電腦的基礎，我們料想改動過後的量子電腦就會得出荒謬的結果，例如不穩定的物質。換句話說，量子電腦要創造出穩定的宇宙，唯一的途徑就是從薛丁格方程式開始。量子電腦是獨一無二的。儘管可以用許多方式來組裝物質，製造出量子電腦（例如使用不同類型的原子），然而量子電腦只能以一種方式進行計算同時還能描述穩定的物質。

因此，倘若我們希望量子電腦能夠操控電子、光和原子，我們或許就只能仰賴某種獨特的量子電腦架構。

把宇宙當成模擬

凡是看過電影《駭客任務》的人都知道，尼歐是被選中的人。他擁有超能力，可以飛天衝上雲霄，可以閃避高速子彈，或者讓子彈停在半空中。他可以摁下按鈕就立即學會空手道。他還能穿越鏡子。

這一切都是由於尼歐實際上是生活在電腦生成的虛構模擬當中。就像生活在電玩遊戲裡面，「現實」實際上就是個虛構的世界。

但這引發了一個問題：隨著電腦運算能力的指數增長，我們的世界是否可能實際上就是種模擬，而我們所知道的「現實」，也只是某個人所玩的電玩遊戲？我們是否僅只是一行行程式碼，直到某天有人按下刪除鍵，結束這場鬧劇？如果傳統電腦的能力不足以模擬現實，那麼量子電腦能做到這一點嗎？

讓我們先問一個簡單的問題：像上面描述的經典宇宙，可不可能就是個牛頓式的模擬？

想想一個中空玻璃瓶。那個瓶子裡的空氣有可能包含超過 10^{23} 顆原子。若想以一台傳統電腦來準確模擬這些原子，你就會需要操控 10^{23} 位元資訊，這遠遠超過了傳統電腦的能力範圍。要創建出瓶中原子的完美模擬，你還必須知道所有這些原子的位置和速度。現在設想試行模擬地球的天氣。你必須知道地球各處空氣的濕度、氣壓、溫度和風速。你很快就會耗盡任何已知傳統電腦的記憶體容量。

換句話說，能夠模擬天氣的最小單元就是天氣本身。

另一種看待這個問題的方法是考慮所謂的蝴蝶效應。若有隻蝴蝶扇動翅膀，牠有可能就會掀起一陣空氣波，倘若條件合宜，最終就可能引發強風。接著這或許就會觸動雲層臨界點並引發一場暴風雨。這是混沌理論的一種結果，該理論指出，儘管空氣分子有可能依循牛頓定律，但數以兆計的空氣分子的綜合效應，卻是混沌並且是不可預測的。因此，要精確預測暴風雨的形成概率幾乎是不可能的。雖然單顆分子的運動路徑可以判定，但數以兆計空氣分子的集體運動卻超出了任何數位電腦的能力範圍。再次強調，模擬是不可行的。

那麼，量子電腦呢？

如果我們嘗試用量子電腦來模擬天氣，情況還會變得更糟糕。如果我們有一台擁有三百量子位元的量子電腦，那麼這台量子電腦就有 2^{300} 種狀態，這超過了宇宙的狀態數。當然囉，量子電腦肯定有足夠的記憶體來編碼我們所知的所有「現實」。

不見得。想想一個複雜的蛋白質分子，它可能擁有數千顆原子。若要讓量子電腦模擬區區一顆蛋白質分子而不做任何形式的近似作業，我們所需的狀態數就必須遠超過宇宙的總狀態數。但我們的身體有可能擁有數十億顆這樣的蛋白質分子。因此，要真正模擬我們體內的所有蛋白質分子，原則上我們需要擁有數十億台量子電腦。又一次，能夠模擬宇宙的最小單元就是宇宙本身。組裝數十億台量子電腦來模擬一種複雜的量子現象，顯然不切實際。

唯一有可能真正被模擬的「現實」只有不完美的、有許多空隙和缺憾的現實。這可以減少需要模擬的狀態數。如果模擬不是完美的，那麼它實際上是可能存在的。例如，模擬可能存有一些不完備的區域。你仰頭看到的「天空」可能有些裂口和破損，就像一幅老舊電影布景。或者如果你是一名深海潛水員，你有可能認為自己的世界就是整個海洋，直到你撞上了一面玻璃牆，然後你才意識到，你的世界只是個窄小的海洋模擬。因此，像這樣的有缺陷宇宙無疑是有可能存在的。

平行宇宙

從前好萊塢和連環漫畫得以藉由將角色帶入外太空來創造出令人興奮的虛構宇宙。然而由於我們已經發射火箭進入外太空超過 50 年，這樣的概念已經有點過時。因此，科幻小說作家需要新的劃時代遊樂場來鋪陳他們的奇幻情節，而現在那就是多重宇宙。許多近期的熱賣大片都把背景設定在平行宇宙中，超級英雄或反派惡棍存在於多個現實當中。

過去，每當我觀賞科幻電影時，我都習慣點算劇情違反了多少物理法則。不過當我想起亞瑟 · 克拉克（Arthur C. Clarke）說過的話：「任何足夠先進的技術都無法與魔法區分。」我就不再這樣做了。因此，若是一部電影明顯違反了一些已知的物理法則，或許這些物理法則將來就會被證明是不正確的或不完備的。

不過現在，隨著電影進入平行宇宙的多重宇宙，我必須再次思考看劇情是否違反了任何物理法則。在這種情況下，電影實際上是依循理論物理學家的思路來發展，他們很認真地看待多重宇宙的概念。

這是因為休 · 艾弗雷特的多重世界理論東山再起。如前所述，艾弗雷特的多世界理論也許是解決測量問題的最簡單又最優雅的方法。只須捨棄量子力學的最後那個基本假設，即描述量子行為的波函數在觀測時會坍縮，則多世界理論就是消除它所帶來的悖論的最快方法。

但允許電子波激增是要付出代價的。如果放任薛丁格波隨意自行運動而不坍縮，那麼它就會無限次地分裂，創造出為數無窮的連串可能宇宙。因此，我們不再讓它縮減崩塌為一個宇宙，而是讓無限的平行宇宙不斷分裂。

關於這些平行宇宙，物理學界並沒有普遍共識。例如，多伊奇認為這是量子電腦如此強大的根本原因，因為它們能在不同的平行宇宙中同時計算。這讓我們回到了薛丁格的老悖論，也就是箱子裡一隻貓可以同時又死又活。

霍金在被問到這個令人挫敗的問題時會說：「每當我聽到薛丁格的貓，我就會伸手去拿我的槍。」

但還有一種替代理論也正被考量當中，那就是去相干理論，該理論指出與外部環境的互動會導致波坍縮，也就是說，當波與環境接觸時就會自行坍縮，這是由於環境已經去相干了。

例如，這意味著薛丁格的悖論可以被簡單地解決。原始的問題是，在你打開箱子之前，你無法判斷貓是死是活。傳統的答案是，貓在你打開箱子之前既不是死的也不是活的。這個新理論則認為，貓的原子已經與箱子裡隨機飄蕩的原子接觸，因此貓在你打開箱子之前就已經去相干了。因此，貓已經死了或活著（但不能同時皆是）。

換句話說，根據傳統的哥本哈根詮釋，貓只有在你打開箱子並進行測量時才會去相干。然而，在去相干的觀點中，貓已經去相干，因為空氣分子已經接觸了貓的波，導致它的坍縮。在去相干方法中，導致波坍縮的原因取代了打開箱子的實驗者。

物理學爭議一般都藉由做實驗來解決。物理學最終不是基於猜想和推測，而是取決於確鑿的證據。但我想像在幾十年過後，物理學家仍會爭論這道問題，因為目前尚不存在可以排除這當中某一項詮釋的決定性實驗，至少目前還沒有。

然而，我個人認為去相干途徑有個缺陷。這個途徑必須在環境，也就是（去相干的）空氣和所研究的對象（貓）之間進行區辨。就哥本哈根詮釋而言，去相干是實驗者導入的，而就去相干途徑來講，這是與環境的互動引入的。

然而，一旦我們導入量子重力理論，則我們的量子化最小單位就是宇宙本身。在這種情況下，實驗者、環境和貓之間已無法區分，它們全都屬於一個龐大的波函數，也就是宇宙的波函數，而這就不能再分割為不同部分。

依循這種量子重力途徑，相干的波與空氣中去相干的波之間是沒有真正區別的。它們只有程度上的差異。（例如，就大霹靂來講，在爆炸之前整個宇宙都是相干的。所以即便到了今天，138 億年過後，我們仍能在貓和空氣之間找到些許相干性。）

因此，這種途徑排除了去相干，並回到了艾弗雷特詮釋。不幸的是，目前還沒有實驗能夠區辨這不同的途徑。兩種途徑都產生出相同的量子力學結果，它們的差別只在對於結果的詮釋，而那是哲學上的問題。

這就意味著，不論我們採用的是哥本哈根詮釋、去相干途徑，或者是多世界理論，我們都會得到相同的實驗結果，因此三種途徑在實驗上是等效的。

這三種途徑之間的可能差異之一就是，在多世界詮釋中，要在不同的平行宇宙之間移動是有可能。但如果進行計算，這種可能性微乎其微，我們沒有辦法做實驗來驗證。通常我們都必須等待比宇宙壽命還要長的時間，才能進入另一個平行宇宙。

宇宙是一台量子電腦嗎？

現在讓我們分析一下，宇宙本身是不是一台量子電腦。

我們回顧一下，巴貝奇曾經對自己提出一個明確的問題：你能夠讓類比電腦變得多麼強大？你使用機械齒輪和槓桿做計算能達到什麼極限？

圖靈擴充了這道問題並對自己提問：你能夠讓數位電腦變得多麼強大？電子元件運算的極限是什麼？

因此，接下來的問題自然就是：你能夠讓量子電腦變得多麼強大？倘若我們可以操控單顆原子，那麼運算的極限是什麼？而既然宇宙是以原子構成：宇宙本身是不是就是台量子電腦？

提出這項概念的物理學家是麻省理工學院的塞斯・勞埃德（Seth Lloyd）。他是少數幾位在量子電腦才剛問世時便參與其中的物理學家之一。

我問過勞埃德他是如何與量子電腦產生聯繫的。他告訴我，年輕時他對數字著迷，尤其讓他感興趣的是，只需動用少量數字，我們就能運用數學規則來描述現實世界中的大量事物。

然而，進入研究所之後，他就遇上了問題。就一方面，有些優秀的物理學學生投入探究弦論和基本粒子物理；另一方面，另有些學生從事電腦科學。而他自己則是處於兩者之間，因為他想研究量子資訊，而這就介於粒子物理學和電腦科學之間。

在基本粒子物理學中，物質的最終單位是粒子，例如電子。而在資訊理論當中，資訊的最終單位是位元。因此，他開始探討粒子與位元之間的關聯，這就為我們帶來了量子位元的概念。

他的爭議性觀點是，宇宙是一台量子電腦。乍聽之下這或許非常荒謬。當我們想到宇宙時，我們會想到星星、星系、行星、動物、人類、DNA。但當我們想到量子電腦時，我們想到的是一台機器。它們怎麼可能是一樣的？

其實，這兩邊存有深遠的關係。我們有可能創建出一台圖靈機，裡面包含宇宙的所有牛頓定律。

例如，想像一列玩具火車安置在迷你火車軌道上。這條軌道被劃分成一系列的方格，我們可以在其中安置數字 0 或 1。0 表示該軌道上沒有火車，而 1 則表示玩具火車在該軌道上。現在讓我們將火車一格一格地移動。每次我們將火車移動一格時，我們就用 1 替換 0。這樣，火車就可以平穩地沿著軌道移動。數字 1 標示著玩具火車的位置。

現在，讓我們用數位帶來替代鐵軌，使用 0 和 1。將玩具火車替換為處理器。每當處理器移動一格時，我們就用 1 來替換 0。

採用這種方式，我們就可以把一列玩具火車轉換成一台圖靈機。換句話說，圖靈機可以模擬牛頓運動定律，而那就是古典物理學的基礎。

我們還可以修改玩具火車來描述加速度和比較複雜的運動。每當我們移動玩具火車時，我們可以增加 1 之間的間隔，於是火車就可以提高速度。我們還可以將玩具火車擴展成在三維軌道或晶格上行駛。採這種方式，我們就可以對所有的牛頓力學定律完成編碼。

因此，我們現在就可以精確地建立圖靈機和牛頓定律之間的關聯性。古典宇宙可以由圖靈機來完成編碼。

接下來我們還可以把這個推廣到量子電腦。這次不使用包含 0 和 1 的玩具火車，我們把它換掉，改用一列搭載了一具指南針的玩具火車。指南針的指針可以指向北方，稱之為 1，或指向南方，稱之為 0，或指向二者之間的任意角度，這就代表北方和南方的疊加。因此，當玩具火車沿著軌道移動時，指針就會根據薛丁格方程式轉朝不同方向。

（若想把纏結包括在內，那就得在玩具火車上增加好幾具指南針。

所有這些指南針的指針都可以在火車沿著軌道移動時，根據處理器的規則以不同方式運動。）

隨著玩具火車的移動，指南針的指針也開始旋轉。指針的運動描繪出薛丁格波動方程式中所包含的資訊。因此，採這種方式，我們就可以使用這列玩具火車推導出波動方程式。

這裡的重點是，量子圖靈機可以編碼量子力學的定律，而這些定律又支配著宇宙。就這層意義，量子電腦可以編碼宇宙。因此，量子電腦與宇宙之間的關係在於前者可以編纂後者。因此，嚴格來說，宇宙並不是一台量子電腦，但宇宙中的所有現象都可以由量子電腦來編碼。

不過既然微觀層面的所有交互作用全都受量子力學的支配，這就意味著量子電腦可以模擬物理世界中的任何現象，從次原子粒子、DNA、黑洞乃至於大霹靂。

量子電腦的遊樂場就是宇宙本身。因此，如果我們真的能理解量子圖靈機，那麼或許我們也就能真正理解宇宙。

只有時間才能證明。

致謝詞

首先，我要特別感謝我的文學經紀人史都華・克里切夫斯基（Stuart Krichevsky），這些年來他一直陪伴著我，協助將我的書從草圖板推向市場。我信賴他在所有文學事務上準確無誤的判斷。他的明智建議幫助促使我的書取得成功。

我也想感謝我的編輯愛德華・卡斯坦邁爾（Edward Kastenmeier）。他在所有編輯事務上總能提供睿智的判斷。在這沿路的每個階段，他都幫助我讓這本書的論述重點更加清晰易懂。

同時，我還要感謝諸多接受了我的諮詢或採訪的諾貝爾獎得主，謝謝他們提供了寶貴的建議：

理查・費曼（Richard Feynman）

史蒂文・溫伯格（Steven Weinberg）

南部陽一郎（Yoichiro Nambu）

華特・吉爾伯特（Walter Gilbert）

亨利・肯德爾（Henry Kendall）

利昂・萊德曼（Leon Lederman）

默里・蓋爾曼（Murray Gell-Mann）

大衛・格羅斯（David Gross）

弗蘭克・韋爾切克（Frank Wilczek）

約瑟夫・羅特布拉特（Joseph Rotblat）

亨利・波拉克（Henry Pollack）

彼得・多爾蒂（Peter Doherty）

埃里克・奇維恩（Eric Chivian）

傑拉德・埃德爾曼（Gerald Edelman）

安東・賽林格（Anton Zeilinger）

斯萬特・帕博（Svante Pääbo）

羅傑・彭羅斯（Roger Penrose）

我還要感謝這些傑出的科學家，他們或是在科學研究界居於領導地位，有些在主要科學實驗室擔任主管，而且他們還大方地與我分享他們的智慧：

馬文・明斯基（Marvin Minsky）

弗朗西斯・柯林斯（Francis Collins）

羅德尼・布魯克斯（Rodney Brooks）

安東尼・阿塔拉（Anthony Atala）

倫納德・海弗利克（Leonard Hayflick）

卡爾・齊默（Carl Zimmer）

史蒂芬・霍金（Stephen Hawking）

愛德華・威騰（Edward Witten）

麥可・雷蒙尼克（Michael Lemonick）

麥可・舍默（Michael Shermer）

塞斯・肖斯塔克（Seth Shostak）

肯・克羅斯威爾（Ken Croswell）

布萊恩・格林（Brian Greene）

尼爾・泰森（Neil deGrasse Tyson）

麗莎・蘭道爾（Lisa Randall）

倫納德・薩斯坎德（Leonard Susskind）

最後，我要感謝這些年來接受我採訪的四百多位科學家，他們的洞見對這本書的撰寫彌足珍貴。

推薦讀物

熟悉電腦程式設計的讀者，以下著作或有幫助：

Bernhardt, Chris. *Quantum Computing for Everyone.* Cambridge: MIT Press, 2020.

Edwards, Simon. *Quantum Computing for Beginners.* Monee, IL, 2021.

Grumbling, Emily, and Mark Horowitz, eds. *Quantum Computing: Progress and Prospects.* Washington, DC: National Academy Press, 2019.

Jaeger, Lars. *The Second Quantum Revolution.* Switzerland: Springer, 2018.

Mermin, N. David. *Quantum Computer Science: An Introduction.* Cambridge: Cambridge University Press, 2016.

Rohde, Peter P. *The Quantum Internet: The Second Quantum Revolution.* Cambridge: Cambridge University Press, 2021.

Sutor, Robert S. *Dancing with Qubits: How Quantum Computing Works and How It Can Change the World.* Birmingham, UK: Packt, 2019.

注釋

第一章

1 Gordon Lichfield, "Inside the Race to Build the Best Quantum Computer on Earth," *MIT Technology Review*, February 26, 2020, 1–23.

2 Yuval Boger, interview with Dr. Robert Sutor, *The Qubit Guy's Podcast,* October 27, 2021; www .classiq .io /insights /podcast -with -dr -robert -sutor.

3 Matt Swayne, "Zapata Chief Says Quantum Machine Learning Is a When, Not an If," *The Quantum Insider*, July 16, 2020; www .thequantuminsider .com /2020 /07 /16 /zapata -chief -says -quantum -machine -learning -is -a -when -not -an -if /.

4 Daphne Leprince-Ringuet, "Quantum Computers Are Coming, Get Ready for Them to Change Everything," *ZD Net*, November 2, 2020; www .zdnet .com /article /quantum -computers -are -coming -get -ready -for -them -to -change -everything /.

5 Dashveenjit Kaur, "BMW Embraces Quantum Computing to Enhance Supply Chain," *Techwire/Asia,* February 1, 2021; www .techwireasia .com /2021 /02 /bmw -embraces -quantum -computing -to -enhance -supply -chain /.

6 Cade Metz, "Making New Drugs with a Dose of Artificial Intelligence," *The New York Times,* February 5, 2019; www .nytimes .com /2019 /02 /05 /technology /artificial -intelligence -drug -research -deepmind .html.

7 Ali El Kaafarani, "Four Ways That Quantum Computers Can Change the World," *Forbes,* July 30, 2021; www .forbes .com /sites /forbestechcouncil /2021 /07 /30 /four -ways -quantum -computing -could -change -the -world / ?sh=7054e3664602.

8 "How Quantum Computers Will Transform These 9 Industries," *CB Insights,* February 23, 2021; www .cbinsights .com /research /quantum -computing -industries -disrupted /.

9 Matthew Hutson, "The Future of Computing," *ScienceNews*; www .sciencenews .org / century /computer -ai -algorithm -moore -law -ethics.

10 James Dargan, "Neven's Law: Paradigm Shift in Quantum Computers," *Hackernoon*, July 1, 2019; www .hackernoon .com /nevens -law -paradigm -shift -in -quantum -computers -e6c429ccd1fc.

11 Nicole Hemsoth, "With $3.1 Billion Valuation, What's Ahead for PsiQuantum?," *The Next Platform,* July 27, 2021; www .nextplatform .com /2021 /07 /27 /with -3 -1b -valuation -whats -ahead -for -psiquantum /.

第二章

1 "Our Founding Figures: Ada Lovelace," *Tetra Defense*, April 17, 2020; www .tetradefense .com /cyber -risk -management /our -founding -figures -ada -lovelace /.

2 "Ada Lovelace," Computer History Museum; www .computerhistory .org /babbage / adalovelace /.

3 Colin Drury, "Alan Turing: The Father of Modern Computing Credited with Saving Millions of Lives," *The Independent,* July 15, 2019; www .independent .co .uk /news / uk /home -news /alan -turing -ps50 -note -computers-maths-enigma-codebreaker-ai-test-a9005266.html.

4 Alan Turing, "Computing Machinery and Intelligence," *Mind* 59 (1950): 433–60; https:// courses .edx .org /asset -v1:MITx+24 .09x+3T2015+type@asset+block /5 _turing _ computing _machinery _and _intelligence .pdf.

第三章

1 Peter Coy, "Science Advances One Funeral at a Time, the Latest Nobel Proves It," *Bloomberg*, October 10, 2017; www .bloomberg .com /news /articles /2017 -10 -10 / science -advances -one -funeral -at -a -time -the -latest -nobel -proves -it.

2 BrainyQuote; https://www .brainyquote .com /quotes /paul _dirac _279318.

3 Jim Martorano, "The Greatest Heavyweight Fight of All Time," *TAP into Yorktown*, August 24, 2022; https://www .tapinto .net /towns /yorktown /articles /the -greatest

-heavyweight -fight -of -all -time.

4 quoted in Denis Brian, *Einstein* (New York: Wiley, 1996), 516.

第四章

1 See Michio Kaku, *Parallel Worlds: The Science of Alternative Universes and Our Future in the Cosmos* (New York: Anchor, 2006).

2 Stefano Osnaghi, Fabio Freitas, Olival Freire Jr., "The Origin of the Everettian Heresy," *Studies in History and Philosophy of Modern Physics* 40, no. 2 (2009): 17.

第五章

1 Stephen Nellis, "IBM Says Quantum Chip Could Beat Standard Chips in Two Years," Reuters, November 15, 2021; www.reuters.com/article/ibm-quantum-idCAKBN2I00C6.

2 Emily Conover, "The New Light-Based Quantum Computer Jiuzhang Has Achieved Quantum Supremacy," *Science News*, December 3, 2020; https://www .sciencenews .org / article /new -light -based -quantum -computer -jiuzhang -supremacy.

3 "Xanadu Makes Photonic Quantum Chip Available Over Cloud Using Strawberry Fields & Pennylane Open-Source Tools Available on Github," *Inside Quantum Technology News,* March 8, 2021; www .insidequantumtechnology .com /news -archive /xanada -makes -photonic -quantum -chip -available -over -cloud -using -strawberry -fields -pennylane -open -source -tools -available -on -github /.

第六章

1 Walter Moore, *Schrödinger: Life and Thought* (Cambridge University Press, 1989), 403.

2 Leah Crane, "Google Has Performed the Biggest Quantum Chemistry Simulation Ever," *New Scientist*, December 12, 2019; www .newscientist .com /article /2227244 -google -has -performed -the -biggest -quantum -chemistry -simulation -ever /.

3 Jeannette M. Garcia, "How Quantum Computing Could Remake Chemistry," *Scientific American,* March 15, 2021; https://www .scientificamerican .com /article /how -quantum -computing -could -remake -chemistry /.

4 Crane.

5 Ibid.

第七章

1 Alan S. Brown, "Unraveling the Quantum Mysteries of Photosynthesis," The Kavli Foundation, December 15, 2020; www .kavlifoundation .org /news /unraveling -the -quantum -mysteries -of -photosynthesis.

2 Peter Byrne, "In Pursuit of Quantum Biology with Birgitta Whaley," *Quanta Magazine,* July 30, 2013; www .quantamagazine .org /in -pursuit -of -quantum -biology -with -birgitta -whaley -20130730 /.

3 Katherine Bourzac, "Will the Artificial Leaf Sprout to Combat Climate Change?," *Chemical & Engineering News,* November 21, 2016; https://cen .acs .org /articles /94 / i46 /artificial -leaf -sprout -combat -climate .html.

4 Ali El Kaafarani, "Four Ways Quantum Computing Could Change the World," *Forbes*, July 30, 2021; www .forbes .com /sites /forbestechcouncil /2021 /07 /30 /four -ways -quantum -computing -could -change -the -world / ?sh=398352d14602.

5 Katharine Sanderson, "Artificial Leaves: Bionic Photosynthesis as Good as the Real Thing, *New Scientist*, March 2, 2022; www .newscientist .com /article /mg25333762 -600 -artificial -leaves -bionic -photosynthesis -as -good -as -the -real -thing /.

第八章

1 "What Is Quantum Computing? Definition, Industry Trends, & Benefits Explained," *CB Insights,* January 7, 2021; https://www .cbinsights .com /research /report /quantum -computing / ?utm _source=CB+Insights+Newsletter&utm _campaign=0df1cb4286 -newsletter _general _Sat _20191115&utm _medium=email&utm _term=0 _9dc0513989 -0df1cb4286 -88679829.

2 Allison Lin, "Microsoft Doubles Down on Quantum Computing Bet," Microsoft, *The AI Blog,* November 20, 2016; https://blogs .microsoft .com /ai /microsoft -doubles -quantum -computing -bet /.

3 Stephen Gossett, "10 Quantum Computing Applications and Examples," *Built In,* March 25, 2020; https://builtin .com /hardware /quantum -computing -applications.

第九章

1 Holger Mohn, "What's Behind Quantum Computing and Why Daimler Is Researching It," Mercedes-Benz Group, August 20, 2020; https://group .mercedes -benz .com /company / magazine /technology -innovation /quantum -computing .html.

2 Ibid.

第十一章

1 Liz Kwo and Jenna Aronson, "The Promise of Liquid Biopsies for Cancer Diagnosis," *American Journal of Managed Care,* October 11, 2021; www .ajmc .com /view /the -promise -of -liquid -biopsies -for -cancer -diagnosis.

2 Clara Rodríguez Fernández, "Eight Diseases CRISPR Technology Could Cure," *Labiotech,* October 18, 2021; https://www .labiotech .eu /best -biotech /crispr -technology -cure -disease /.

3 Viviane Callier, "A Zombie Gene Protects Elephants from Cancer," *Quanta Magazine,* November 7, 2017; www .quantamagazine .org /a -zombie -gene -protects -elephants -from -cancer -20171107 /.

第十二章

1 Gil Press, "Artificial Intelligence (AI) Defined," *Forbes,* August 27, 2017; https://www .forbes .com /sites /gilpress /2017 /08 /27 /artificial -intelligence -ai -defined /.

2 Stephen Gossett, "10 Quantum Computing Applications and Examples," *Built In,* March 25, 2020; https://builtin .com /hardware /quantum -computing -applications.

3 "AlphaFold: A Solution to a 50-Year-Old Grand Challenge in Biology," DeepMind, November 30, 2020; www .deepmind .com /blog /alphafold -a -solution -to -a -50 -year -old -grand -challenge -in -biology.

4 Cade Metz, "London A.I. Lab Claims Breakthrough That Could Accelerate Drug Discovery," *The New York Times,* November 30, 2020; https://www .nytimes .com /2020 /11 /30 /technology /deepmind -ai -protein -folding .html.

5 Ron Leuty, "Controversial Alzheimer's Disease Theory Could Pinpoint New Drug Targets," *San Francisco Business Times,* May 6, 2019; www .bizjournals .com /sanfrancisco /news /2019 /05 /01 /alzheimers -disease -prions -amyloid -ucsf -prusiner .html.

6 German Cancer Research Center, "Protein Misfolding as a Risk Marker for Alzheimer's Disease," *ScienceDaily,* October 15, 2019; www .sciencedaily .com /releases /2019 /10 /191015140243 .htm.

7 "Protein Misfolding as a Risk Marker for Alzheimer's Disease—Up to 14 Years Before the Diagnosis," Bionity.com, October 17, 2019; www .bionity .com /en /news /1163273 / protein -misfolding -as -a -risk -marker -for -alzheimers -disease -up -to -14 -years -before -the -diagnosis .html.

第十三章

1 Mallory Locklear, "Calorie Restriction Trial Reveals Key Factors in Enhancing Human Health," *Yale News,* February 10, 2022; www .news .yale .edu /2022 /02 /10 /calorie -restriction -trial -reveals -key -factors -enhancing -human -health.

2 Kashmira Gander, " 'Longevity Gene' That Helps Repair DNA and Extend Life Span Could One Day Prevent Age-Related Diseases in Humans," *Newsweek*, April 23, 2019; www .newsweek .com /longevity -gene -helps -repair -dna -and -extend -lifespan -could -one -day -prevent -age -1403257.

3 Antonio Regalado, "Meet Altos Labs, Silicon Valley's Latest Wild Bet on Living Forever," *MIT Technology Review,* September 4, 2021; www .technologyreview .com /2021 /09 /04 /1034364 /altos -labs -silicon -valleys -jeff -bezos -milner -bet -living -forever /.

4 Ibid.

5 Antonio Regalado, "Meet Altos Labs, Silicon Valley's Latest Wild Bet on Living Forever," *MIT Technology Review,* September 4, 2021; www .technologyreview .com /2021 /09 /04 /1034364 /altos -labs -silicon -valleys -jeff -bezos -milner -bet -living -forever /.

6 "I remember the day": Allana Akhtar, "Scientists Rejuvenated the Skin of a 53 Year Old Woman to That of a 23 Year Old's in a Groundbreaking Experiment," *Yahoo News,* April 8, 2022; www .yahoo .com /news /scientists -rejuvenated -skin -53 -old -175044826 .html.

第十四章

1 Ali El Kaafarani, "Four Ways Quantum Computing Could Change the World," *Forbes,* July 30, 2021; www .forbes .com /sites /forbestechcouncil /2021 /07 /30 /four -ways -quantum -computing -could -change -the -world / ?sh=398352d14602.

2 Doyle Rice, "Rising Waters: Climate Change Could Push a Century's Worth of Sea Rise in US by 2050, Report Says," *USA Today,* February 15, 2022; https://www .usatoday .com /story /news /nation /2022 /02 /15 /us -sea -rise -climate -change -noaa -report /6797438001 /.

3 "U.S. Coastline to See up to a Foot of Sea Level Rise by 2050," National Oceanic and Atmospheric Administration, February 15, 2022; https://www .noaa .gov /news -release / us -coastline -to -see -up -to -foot -of -sea -level -rise -by -2050.

4 David Knowles, "Antarctica's 'Doomsday Glacier' Is Facing Threat of Imminent Collapse, Scientists Warn," *Yahoo News,* December 14, 2021; https://news .yahoo .com /antarcticas -doomsday -glacier -is -facing -threat -of -imminent -collapse -scientists -warn -220236266 .html.

5 Intergovernmental Panel on Climate Change, *Climate Change 2007 Synthesis Report: A Report of the Intergovernmental Panel on Climate Change*; www .ipcc .ch.

第十五章

1 Jonathan Amos, "Major Breakthrough on Nuclear Fusion Energy," *BBC News,* September 9, 2022; www .bbc .com /news /science -environment -60312633.

2 Claude Forthomme, "Nuclear Fusion: How the Power of Stars May Be Within Our Reach," *Impakter,* February 10, 2022; www .impakter .com /nuclear -fusion -power -stars -reach /.

3 Jonathan Amos, "Major Breakthrough on Nuclear Fusion Energy," *BBC News,* September 9, 2022; www .bbc .com /news /science -environment -60312633.

4 "Multiple Breakthroughs Raise New Hopes for Fusion Energy," Global BSG, January 27, 2022; www .globalbsg .com /multiple -breakthroughs -raise -new -hopes -for -fusion -energy /.

5 Catherine Clifford, "Fusion Gets Closer with Successful Test of a New Kind of Magnet at MIT Start-up Backed by Bill Gates," CNBC, September 8, 2021; www .cnbc .com /2021 /09 /08 /fusion -gets -closer -with -successful -test -of -new -kind -of -magnet .html.

6 "Nuclear Fusion Is One Step Closer with New AI Breakthrough," *Nation World News,* September 13, 2022; www .nationworldnews .com /nuclear -fusion -is -one -step -closer -with -new -ai -breakthrough /.

第十六章

1 "The World Should Think Better About Catastrophic and Existential Risks," *The Economist,* June 25, 2020; www .economist .com /briefing /2020 /06 /25 /the -world -should -think -better -about -catastrophic -and -existential -risks.

2 For a discussion of string theory, see Michio Kaku, *The God Equation: The Quest for a Theory of Everything* (New York: Anchor, 2022).

科學人文 96

量子紀元：一場將要改變世界的運算革命

Quantum Supremacy: How the Quantum Computer Revolution Will Change Everything

作　　者　加來道雄（Michio Kaku）
譯　　者　蔡承志
資深編輯　張擎
責任企畫　林欣梅
美術設計　吳郁嫻
人文線主編　王育涵
總 編 輯　胡金倫
董 事 長　趙政岷
出 版 者　時報文化出版企業股份有限公司
108019 臺北市和平西路三段 240 號 7 樓
發行專線｜ 02-2306-6842
讀者服務專線｜ 0800-231-705 ｜ 02-2304-7103
讀者服務傳真｜ 02-2302-7844
郵撥｜ 1934-4724 時報文化出版公司
信箱｜ 10899 臺北華江郵政第 99 號信箱
時報悅讀網　www.readingtimes.com.tw
人文科學線臉書　https://www.facebook.com/humanities.science
法律顧問　理律法律事務所｜陳長文律師、李念祖律師
印　　刷　勁達印刷有限公司
初版一刷　2025 年 8 月 22 日
定　　價　新臺幣 550 元

量子紀元：一場將要改變世界的運算革命｜ Quantum supremacy : how the quantum computer revolution will change everything ｜加來道雄著｜蔡承志譯｜初版｜臺北市｜時報文化出版企業股份有限公司｜ 2025.08 ｜ 368 面；14.8×21 公分｜科學人文；96 ｜ ISBN 978-626-419-585-0(平裝) ｜ 1.CST 量子力學 2.CST: 電腦科學｜ 331.3 ｜ 114007476

ISBN 978-626-419-585-0
Printed in Taiwan

時報文化出版公司成立於一九七五年，並於一九九九年股票上櫃公開發行，於二〇〇八年脫離中時集團非屬旺中，以「尊重智慧與創意的文化事業」為信念。